JN096140

サンドウィッチマンの東北魂 そしてこれから

宮城県亘理郡山元町にて

SAND
FRIENDSHIP POWER

サンドウィッチマンの東北魂

あの日、そしてこれから

ニッポン放送をキーステーションに、全国14局で放送されているラジオ番組『サンドウィッチマンの東北魂』（ニッポン放送は毎週日曜17時30分〜17時40分）。〝笑いで東日本大震災を風化させるな！〟を合言葉に、サンドウィッチマンのふたりが、東北の現状や被災者の方々のメッセージなどを伝えてきました。一方で、様々な分野で活躍するゲストをお招きした回では、サンドウィッチマンがゲストの活動に感銘を受けたり、ユニークなエピソードに爆笑したりすることも。本書は、そんな番組ゲストとサンドウィッチマンによる印象的なトークをまとめたものです。

目次

Chapter1 寄り添う

Chapter2 つなげる

Chapter3 考える

Chapter1
寄り添う

西村由紀江　ピアニスト

被災地にピアノと演奏を届け続けて、見えてきたもの

2017年4月～5月放送

にしむら・ゆきえ／作曲家、ピアニスト。幼少より音楽の才能を認められ、世界各地への演奏旅行に参加。桐朋学園大学入学と同時にデビュー。「101回目のプロポーズ」「子ぎつねヘレン」など、ドラマ・映画・CMの音楽を多数担当するほか、TV・ラジオの出演やエッセイの執筆なども行う。

薬より効く（?）病院コンサート

伊達　「ものすごく清楚なお姫様」みたいな方ですね。

富澤　服も着ていますしね。

西村　服くらい着ますよ！　でも、裸になると貧弱なんですよ～って、いきなり何を言わせるんですか!?　それに、「清楚」と言われましたが、私の中身は「おっさん」。ピアニストって、意外とおっさんっぽくなるんですよ。

富澤　またまた～。

西村　ピアニストは自分の楽器を持ち歩けないでしょ。コンサート会場で初めてピアノに会うので、お見合いみたいなもんですね。正直、「自分のフィーリングと違う音だなぁ」と思っても、どこかで「まあ、大丈夫」って割りきる必要があるんです。その繰り返しですからね……。

富澤　妥協を学び、おっさん化していくと……。

伊達　そんな西村さんは、音楽制作や演奏はもちろんですが、「病院コンサート」「学校コンサート」と銘打った〝出前コンサート〟など年間60本以上行なっているそうですね。

西村　はい。両方とも普段のコンサートとは違って発見があるんです。

伊達　「いい音楽を聴くと体にいい」といいますが、実感されますか？

西村　とある病院コンサートで、素敵なご婦人に「今日のコンサート、とってもよかったわ～」って話しかけられたことがあって、それに付き添いの看護師さんがびっくりしていたんです。「この患者さんは、普段は15分くらい前のことも覚えていられないのに」って。

伊達　西村さんのピアノはどんな薬よりも効くんだ！

西村　でもお笑いも同じじゃないですか？　心に届くものには力があるんですよ。

富澤　僕らもけっこう手紙をいただくんですよね。「心が晴れました」って。

被災地にピアノのある風景を取り戻す

伊達　西村さんは、被災地にピアノを届ける「Smile Piano 500」(※1)という活動もされています。

西村　この500というのは、東日本大震災で失われたピアノのおよその数です。それを少しでも取り戻せたらと、ご家庭で使われなくなったピアノを調律して届けて、弾《ひ》き初《ぞ》めをして差し上げています。

伊達　すばらしい活動です。思いついたきっかけはあるんですか?

西村　震災直後、報道番組で女の子が「ピアノが欲しい」と言っていたのが心に残っていて。知人の調律師さんが運搬とメンテナンス、調律を担当し、私が演奏を届ける役を担当するというコンビで活動を始めたんです。

伊達　調律師の方も素敵な方ですね。でも、ピアノを運ぶのは専門の業者さんがやっているくらいですから、大変だったんじゃないですか。

西村　そうなんです。重いですし持ち手もないですし、ましてや震災直後は道なき道やガタガタ道。お届け先も当時は仮設住宅がほとんどだったから、どこからピアノを入れればいいのか、その搬入動線も手探りで……。

伊達　(その様子を写真で見ながら)これ、軽トラックですよね!?

西村　不思議なもので、素人でも学習すればコツはつかめるんですよね。ひとつ2メートルもある重い重いテトリスみたいなもので、うまくやればこの荷台で3台くらいは載るんです！

富澤　それだけで大変さが伝わりますけど、そんなに全国にピアノって余っているんですか？

西村　一度、私がHPでお伝えしただけで、150台分の「私、譲りますよ」という声が集まりました。

伊達　そんなに多いの？　どんな人たちなんですか？

西村　「子どもが大きくなってもう使っていません」「棚置きになってます」というのが一番多いパターンなんだけど、印象的だったのは、「阪神・淡路大震災を生き抜いたピアノを譲ります」というお手紙。兵庫県宝塚市で被災したけど、ピアノだけは無事だった、って。（運搬距離も）長かったですよ、これは。宝塚市から岩手県山田町ですからね。

伊達　山田町は岩手でも北のほうですからね。届けた先は学校ですか？

西村　学校や公民館はそれぞれの自治体や国でケアされているので、逆に私が届けるのは個人宅。それも、まず初めに行ったのはピアノ教室でした。

富澤　ピアノ教室にピアノがないんじゃ、なんの教室だか、わかんなくなっちゃう！

西村　それにピアノ教室って、地域のお子さんが集まるでしょ。子どもの和《なご》みの場にもなるんじゃないかなって。

伊達　（改めて写真が載った冊子を見つつ）七ヶ浜、気仙沼、大船渡、石巻、いろんなところに行ってますね。

西村　亘理《わたり》に行ったときの話ですが、あそこは塩害でダメになってしまったイチゴの産地で、私が行ったときもビニールハウスが倒壊したままでした……。どんな思いでここに住み続けているのかなって重い気持ちでお宅を訪問したら、おじさんがトマトを持って笑顔で出てきて、「イチゴはダメだけど、トマトだったら塩が土のなかにあるおかげで逆においしいんだ〜」って。イチゴがダメならトマトに替える、その生命力と工夫に感動しました。

伊達　いい話ばかりですね。

富澤　なんで俺たちには、人にお話しできるいいエピソードがないのだろうか……？

伊達　やっぱ、バカにされてるんじゃない？　この間もね、「どうやって仙台来たの？」ってファンらしい人に聞かれたから、「新幹線で来た」って言ったら……。

富澤　「ちょっと何言ってるかわからない」って言われてたな！

伊達　ぶっ飛ばしてやろうかと思いましたよ（笑）。

西村　ピアノを届けるときは、実際にお家に入らせていただくわけで、濃いコミュニケーションになるのは確かです。こちらも心してうかがうし、相手も心を開いていろんな話をしてくださるんですよね。

育まれていった、東北との縁

富澤　だいぶ、詳しくなったんじゃないですか、東北は？

西村　はい（笑）。ワカメひとつとっても、こんなにおいしかったんだって再発見をしますし。町の変遷《へんせん》がわかりますよね。「ここが高台になった」「ここにはこんな建物が建った」って。

伊達　意外と仙台の地元民は、震災前まで沿岸地域には関心が薄かったかもしれない。僕も沿岸地域に行くようになったのは震災後ですしね。

西村　海で思い出すのは、２０１１年に行った、ある被災地での学校コンサートで、「校歌を歌うのはやめてください、歌詞に〝海〟が入っていてつらいんです」と言われたことですね。でもその2年後に、校歌の演奏をためらっていた校長先生が海の見える高台に家を新築された。しかもピアノも失われていたことを知り、ピアノを届けに行ったんです。すると先生が、「海に生かされていることがわかった。ちょっと時間がかかったけど」って言っていて。

富澤　海を憎んでいる漁師さんっていないんですよね。

伊達　「海とともに生きていく、そういう町だから」って。沿岸にあって津波で流されたお店も、建て替えは高台ではなくて海辺がいいと言っていました。

富澤　そもそも西村さんご自身は、東北に縁はあったんですか？

西村　学校コンサートを初めて行ったのが２００１年、岩手県だったんですね。だから、あの地震で私が一番心配したのは「あの子たち、どうしているのかな？」だったんですが、当時の教頭先生と電話がつながると、第一声が「西村さん、被災地の学校に音楽を届けてください」だったんです。そこからあっという間に、先生同士のネットワークで福島、宮城、岩手の10校でコンサートが実現したんです。震災３か月後のことでした。ピアノを届けるよりも、まずは私が弾きに行ったほうがてっとり早いでしょ。

伊達　すごいなあ、ホントにすごい。

富澤　僕らもそのころ被災地をまわっていましたが、「お笑いは求められていない」と肌で感じていました。

伊達　そうだよね、そのかたわらで「音楽ってすごいよな～」って富澤と話してましたよ。

西村　でも、そんなときだからこそ、「笑いたい！」っていう人もいらっしゃったんじゃないですか？

伊達　いるんですけど、全体ではない。意外と空気でわかるんですよ、僕らを望んでいない人がいるのは。「お前らお笑いが何しに来たんだ」って……。

富澤　行ってみないと距離感ってわからないものですから。その点、音楽で不愉快になる人はいない。音楽にはかなわない。

続けることで、〝モノ〟から〝コト〟に

西村　南相馬の学校コンサートで、ご家族を亡くした男の子がいたんですけど、その子はずーっと体育座りをして下を向いたままで。「音だけでも聴いてくれていればいいな」と思って演奏を続けていたら、終わるころに彼は手拍子をしてくれたんです。胸がいっぱいになりました。そうして、気がつけばこの活動も6年が経っていました。

伊達　東北の人でもないのに支援を続けていらっしゃって、頭が下がります。

西村　おふたりも継続して続けていらっしゃるじゃないですか。おふたりの〝続けることのできる原動力〟はどこにあるんですか？

伊達　我々は〝地元〟だから。友だちにも被災したヤツがいっぱいいるからです。そしてあの日、気仙沼での被災からは、奇跡的に助かったと思っています。神様から「もう少し生きろ〜」っていただいた命ですから、そのために使います。

富澤　生で津波を見た者として、伝え続けるのは大事ですしね。

西村　ピアノを届けた最初のころは、「わ〜っ！　ピアノが来た！　ピアノが来た！」って、新しい家族が増えたみたいに喜んでもらえました。でも、このごろは「私たちのことを忘れないでいてくれてありが

とうございます」っておっしゃるのね。ピアノというモノより、私たちが来たコトに対してお礼を言ってくださる……。「続ける」ってこういうことなんだなって、最近実感しています。

伊達　僕らも言われます。「まだ来てくれてるんだ」って。

富澤　「また来てるんか！」って言われることさえあるんです。「おい、イヤなのかよ！」って（笑）。

西村　どちらも感謝の裏返しですよね。

※1　全国各地で不要となったピアノを引き取り、リクエストのある被災地に贈り届ける活動。2019年までに61台のピアノを被災地に届けている。

放送後記

伊達　スタジオに来てくださったときは49台を運んでいらっしゃってて、いまは61台に！　被災地の人間としては感謝しかないです。

富澤　生きるためのもの、食料とか生活用品とかは思いつくけど、「そうかピアノか」っていうね。津波で楽器を失った人もたくさんいるということは、音楽家だからこそ気がつけるんだろうなって思います。

ドリアン助川　作家

被災地の声に耳を傾けるため、「奥の細道」を旅する

2016年1月放送

どりあん・すけがわ／作家、明治学院大学教授。1994年、バンド「叫ぶ詩人の会」でデビュー。深夜ラジオの人気パーソナリティとしても活躍し、明川哲也の筆名で詩や小説を執筆。現在はドリアン助川としても多数の著作を手がけ、近年では『あん』が河瀬直美監督によって映画化された。

線量計を手に、松尾芭蕉の足跡をたどる

伊達　ドリアンさんといえば、東日本大震災翌年から線量計を持って、自転車で「奥の細道」を旅されたんですよね。

助川　そのころ「奥の細道」の口語訳をしていて、「松尾芭蕉がたどった道のりはすべて被災地だ、こんなの机で書いている場合じゃないぞ」と気づいたんです。

伊達　「奥の細道」は徒歩でしたが、なぜ自転車を選ばれたんですか？

助川　車じゃ行けないと思ったの。でも、歩きだと時間がかかりすぎるから自転車にしたんだけど、これがちょうどよかった。とにかく「困っている人たちの話を聞く」のが旅の目的でしたから。

伊達　震災1年半後に各地をまわってみてどうでした？

助川　日光から先は明らかに線量計の数値が違っていました。牛を放牧されている方が廃業したと思われる風景があちこちに……。でも、メディアは福島には集まるけど、栃木の北部とかには全然いないから、そういう情報は取り上げられていなかったんです。

富澤　線量計を持っていくことについても、考えてしまう部分が多くあったんじゃないですか？

助川　そうなんです、ものすごくためらいがありました。だって、僕が測っているその横で、おばちゃんが桃を売っていたりするわけで……。でもね、そういうことも含めてオープンにすることが大事なんじゃないかって。

「俺は話したい彼らのためにここにいる」

何百キロにわたり自転車で移動していると、思わぬ発見もあるそうです。例えば、県の道路行政。県をまたいだ途端、復興されていたり、また、その逆だったり。ただし、人情はどこへ行ってもいっしょだったといいます。

助川　旅の間は、いろんな出会いに恵まれました。だけど、石巻で被災した小学校を見てね、一気に重い気持ちにさせられました。

伊達　門脇《かどのわき》ですね。

助川　そうです。優先順位はあるのでしょうが、焼け焦《こ》げた小学校で子どもたちが野球をやっている……1年半もほったらかしにされた校舎の脇でですよ！　ちょうどそのころ、義援金がちゃんと分配されていないんじゃないかという報道もされ始めていて、悔《くや》しくて涙が出ちゃった。この旅、もうやめようかって。だってね、地元の方は歯を食いしばって生きているそのなかで、ポコッと東京から来て「大変ですね」って……「何様なんだお前は」って、自分自身にこみ上げてくるものがあってね。

富澤　そりゃ葛藤しますよ。

伊達　みんな同じ思いをしているんですよ。僕らも東京から日帰りで取材して帰るわけですが、いつも「俺たちサンドウィッチマンはどう思われているのか？」って悩んでいます。「おたくらは今日帰るんでしょ。でも俺たちはここに住み続けているし、ほかに行く場所もないんだよ」なんて悪く言う人は、誰ひとりいませんけどね。

助川　そこで俺、気持ちを切り替えたんです。「話したくてしょうがない人はいっぱいいる。だから、俺は話したい彼らのためにここにいるんだ」って。サンドさんだって「会ってくれるだけで幸せを感じる人がいる。そのためにやっているんだ」って思ってふっきっているところ、ありますよね！

二人　そうですね。

ただアンテナをめいっぱい張って聞く

伊達　たくさんの方とお話されたんですよね？

助川　旅の醍醐味《だいごみ》なんですけど、夜になるとターゲットが〝人〟から〝赤提灯《あかちょうちん》〟に変わるんですよ。多賀城《たがじょう》の自衛隊の基地近くのお店では、ご店主が「自分の店が流されていくのを陸橋から見ていたよ」と言っていて。「あ、俺が飲んでいるこの店は、親父さんの執念が復活させた店なんだ」って目頭《めがしら》が熱くなったり。そんな出会いがたくさんありました。

伊達　そんなドリアンさんがうらやましいんですよ。僕らお酒飲めないから。

助川　安心してください、お酒好きなヤツに出世したヤツはいませんから！

伊達　でもやっぱりうらやましいんです。酒飲んで「つい」みたいな話がなくて。

富澤　お酒はともかく、僕らが感じたのは、「話してくれるまで1年以上の時が必要だったな」ということです。

伊達　それは確かに感じました。わざわざ向こうから人がやってきて、「俺さぁ、実は……」って話してくれるようになったのは、1年経ってからですよ。この間も「ちょっと聞いてよ。お父ちゃんがまだ帰ってきてないの。もう死んでいるんだけど、きっと」って。

助川　石巻でね、似顔絵作家に会ったの。震災前は楽しい仕事だったんだって。でも、震災後は写真だけ持ってくるお客さんが増えて……似顔絵だけでも「(子どもに) 歳をとらせてあげてください」って。その方は泣きながら描き続けていたんだけど、ちょっと気持ちがつまって、心が乱れちゃったんだって。僕はなんにもできないんだけど、行って、話を聞いて差し上げることだけでも違うのかなって思いました。

伊達　言葉が豊富なドリアンさんですから、相手の方も安らぐんでしょうね。

助川　いえいえ。そんなときはなんにも言えない。ただアンテナをめいっぱい張って聞くこと。それだけです。

忘れずに、発信し続けるしかない

伊達　(2016年1月時点で) もうすぐ5年です。地元の仲間たちは「まだ5年」と言っていますが、ドリアンさんはどう思いますか?

助川　僕の故郷は神戸ですから、阪神・淡路大震災で被災しました。4~5日かけて現地に入り、惨劇《さんげき》を目の当たりにして、その晩、大阪まで戻りました。すると、大阪は何もなかったかのように元気で明るい町だった。そこで僕は初めて涙を流しました。でもね、これはしょうがない。人は離れていると痛みがわからないし、時が経つと忘れていく。こればかりは他人に強《し》いることではなく自分たちが忘れない、それしかないのかなぁ。

伊達　東日本大震災のとき、僕らも（宮城でロケ中に被災し）東京になんとか戻ったのが3月13日の夜でした。目黒の駅前で家族と感激の再会を果たしている最中《さなか》に、カラオケのビラを渡されたんです。「あ、これではダメだ」「僕らが発信していかなくては」と思いました。

助川　そのとおりだと思います。聞く耳を持っていないわけではないんです。特に体験した人の話は貴重です。想像力のある人が話を聞けば、ちゃんと自分の胸のなかで体験し直してくれますしね。

富澤　そうですよね。エロ話だって、想像力のある人ならばそれだけでマンゾクできちゃいますもんね。

伊達　全然違うでしょ！　バカか！

放送後記

伊達　すごく熱く話してくれた印象があるなぁ。当時、世界中が訪れたくない映画祭ナンバー1といわれたウクライナの映画祭に、樹木希林さんと出かけた珍道中の話もおもしろかったね。あ、この話、割愛してるんだ。

富澤　まず現地へ行って、そこから何をやろうか考える、行動力のある人ですね。来てみないとわからないこともあるじゃないですか。それに自転車で移動するっていうのもまた、すごいですよね。ウクライナにも自転車で行ったのかな？

僕が毎年走りに来るから、生きといてくれ！

間 寛平　お笑い芸人

2018年9月放送

はざま・かんぺい／お笑い芸人としてスター的な人気を獲得し、24歳で吉本新喜劇の座長を務める。「アヘアヘ……」「ア～メマ！」「かい～の」などのギャグでもおなじみ。マラソン活動にも本格的に取り組み、「アースマラソン」では地球1周4万1000キロを走破した。

東北縦断マラソンで500か所の避難所へ

富澤　間寛平師匠です。

間　脳みそ～バ～ン！　アヘアヘアヘアヘ。

伊達　ありがとうございます（笑）。今日もこんがり焼けてますね。

間　昨日、富士のサーキットで1日中、走ってたからな。

伊達　師匠、サーキットって走るとこあるんですか？

間　あのな、車や、車！

富澤　マラソンじゃないんですね。

間　あんなとこで走ってたら、どエライ怒られるわ。

富澤　自動車の趣味があるとは存じませんで。

伊達　師匠は趣味もたくさんあるんですね〜。

間　ほら、ここにも……たくさんついてるやろ、シミ。

伊達　ヘラヘラ笑ってますけど、師匠といえば……。

間　なぁ！　僕のボケ、もっとちゃんと拾ってよ、「シミやなくて趣味」って。

伊達　師匠をお呼びしたのは、マラソンやボランティアの話をうかがうためなので、ボケは放っておきます（笑）。先日も北海道で大きな地震がありましたが……。

間　君らも北海道でレギュラー番組持ってるんやろ？

伊達　何か応援できることを考えたいんですが……。

富澤　今回は陸続きでないのでボランティアも駆けつけづらいと聞いています。

間　ところで、災害が起きると、すぐ芸人が行くけど、あれ、どう思う？　僕は阪神で、君らは東北で感じたことやと思うけど。来られても困るんや、笑っている場合やあらへんから。

伊達　そのとおりです。僕らは現地でチャリティライブをやるのに1年半かかりました。

間　そやろ！　まず金銭的なお手伝いは東京でやって、物資や現金を送る。エンターテインメントはそのあとだわ。僕も東北縦断マラソンは夏までせえへんかった。

伊達　わかっている方はそうしますよね。師匠は東北縦断マラソン（※1）を毎年続けて、いまも継続していらっしゃる。どこの避難所へ行ってもサインを見かけます。

間　500か所超えたらしいわ。

伊達　すごい！　きっかけはなんだったんですか？

間　アースマラソンや！　実はな、あのマラソンは最後、中国の青島《チンタオ》で休息してからヨットで九州に行き、国内も縦断する予定やったんや。東北の人たちからも「寛平ちゃん、ウチのところまで来て～」ってたくさん手紙もらってたし。ところが、（周辺の政情が悪くなり）あわてて青島を出ることになって。すでにヘロヘロやったから、九州に上陸したときはエネルギーもほとんど切れてて、東北までは勘弁してって……。そしたら、数年後にあの地震や！

伊達　知りませんでした。

間　走れんかった東北にずっと「ごめんなー」って思ってたからな。

走り始めたのは、夢のお告げ!?

伊達　アースマラソンは僕も出発を見送りに行きましたよ、涙が出ました。

間　そういえば、見送りのなかにトレンディエンジェルがいて、海に飛び込んでな。その姿が見えとったから「あいつら、売れてくれ～」って願ったもん。そしたらM-1優勝や。

伊達　かわいい後輩が売れるのはうれしいですもんね。

間　明石家さんまもそうやで。デビュー当時、スーパーの営業とかには必ず呼んであげて、がんばれ、がんばれって……その結果が……。

伊達　その結果?

間　がんばりすぎちゃうから～!

伊達　ですよね～(笑)。

間　でも、そのさんまは僕の恩人! 僕がいまあるのは、さんまのおかげや! ギリシャのスパルタスロンっていう246キロを不眠不休で走るレースがあってな、大阪から上京してきて、なかなかうまく仕事がまわってなかったころ、マネージャーが各テレビ局に「寛平、スパルタスロンに挑戦!」って売り込んでたんや。そのなかで、1社が「さんまさんが同行するならOKします」と言ってきて。あのころは僕が走ってることなんか全然知られてなかったしな。で、さんまちゃんに事情を説明したら、「にいやんのためだったらええよう〜！」って。

富澤 師匠が走るのが得意だって、それまでは業界の誰も知らなかったんですか？

間 そやな。でも大阪の吉本の何人かは知っとった。大阪時代から走っとったからな。そもそも言い出しっぺは池乃めだか（※2）やし。

伊達 めだか師匠も走っていたんですか？

間 ちゃうちゃう。ある日、仕事終わりに飲みに行ったときに、僕が同じ夢を2度見た話をしたんや。それで、「瀬古選手と僕がマラソンでデッドヒートしてる夢や！」と言ったら、「それも何かの縁だから、一回走ってみたら？」と言われたので試走したら……走れた。

伊達 「走れた」って……。

富澤 原始人じゃないんですから（笑）。

「おかえり！」のために走り続ける

間 震災後、1年目はひとりで走って、岩手県の山田町からスタートして毎日50キロ、途中にある仮設住宅になるたけ寄って、福島まで500キロや。

伊達　５００キロ!?　我々は5キロどころか、一歩たりとも走れません！

間　そんななか、とある仮設住宅にいたおばあちゃんがな、「私には生きる気力がない」と言うもんだから、「そんなこと言うたらアカン！　僕が毎年走りに来るから、生きといてくれ！」と約束して。だから、いまでも続いてるんや。

富澤　すごい話ですね。

間　そいでな、最近うれしいのは「おかえり！」って言われんねん。ホンマに涙出るよ。

富澤　待っていてくれるんですね。

伊達　いつまで続けます？

間　実際（復興が進んで）、走り着いた仮設住宅に誰も住んでないこともあるんや。そやけど俺が来るのを楽しみにしてるから、無人だった仮設に住民が帰ってきよる。で、宴会や！

伊達　そういう出会いは素敵ですよね。

間　でな、すんごいごちそうが出てくるんや。僕ひとりでは食えんって。おなかタプタプや。

富澤　東北の気質ですよ。東北のおばちゃんは、そういうおもてなしが好きですからね。

伊達　食わすの大好きですよ、東北人は。でも、まだ次の避難所に向けて走らなきゃいけないんですよね？

間　僕らいったい何しに来たんやろか……食べるだけ食べて「じゃ、バイバイ」って。無銭飲食やないんやで！　そんで、若手芸人とかを同行させることにしてな、芸やらせたり、僕の代わりに食ってもらったり。

伊達　でもそれは感謝の表れなんですよ。それでも足りないと思っているはずです。

富澤　ごはんを作っていること自体がうれしいんですよ！

間　ただ、なかにはビール注いできて、「まあ1杯」って誘ってくる人もおるんや。まだ次があるのに……。

※1　「KANPEIみちのくマラソン」。8回目となる2019年も福島県相馬《そうま》市からスタートし、宮城県、岩手県とめぐって、釜石市の鵜住居《うのすまい》復興《ふっこう》スタジアムにゴールした。

※2　吉本新喜劇のベテラン座員。新喜劇では、間寛平との「サルVSネコ」といったネタで一時代を築き、現在も活躍中。

放送後記

伊達　いまだに一生懸命走ってらっしゃいますからね、そこが寛平師匠のすごいところで。

富澤　復興ってマラソンと似てるなって思いました。スタートはみんないっしょだけど、それぞれ自分のペースで少しずつ進んでいく。それが寛平師匠はわかってるんでしょうね。

伊達　師匠が走ったあとは、みんな明るくなるんだよね。妖精みたいな人です（笑）。

松尾雄治　元ラグビー日本代表

ラグビーを通じて、釜石の絆を結ぶ

2015年11月放送・2019年10月〜11月放送

まつお・ゆうじ／ラグビー選手（スタンドオフ）として、明治大学時代には部を初の日本一へと導き、新日鉄釜石入社後には日本選手権7連覇を含む優勝8回を達成。日本代表でも主力選手として活躍。引退後はスポーツキャスターに携《たずさ》わる一方、ラグビーの普及に努めている。

「何回来たってめげないぞ」の精神で

松尾　俺は君たちのファンだから、一度会いたいと思ってたんだよ〜。

伊達　松尾さんといえば日本ラグビー界の至宝です。そんな方から……おそれ多いお言葉です。

松尾　しかしだね、「ラグビー経験者」っていうだけで、お互いの距離が近くなるんだから不思議だよな。

富澤　やっぱり、ラグビーは痛いからね。

伊達　あの痛みはやった人にしかわからない。だから、「ラグビー好き」の人たちとは違う連帯感が経験者同士だと生まれるんですかね。ところで、日本代表はどうですか、（2015年のW杯で）強国・南アフリカに勝利しましたが。

松尾 日本ラグビーが世界で通用するには〝敏捷性《びんしょうせい》を備えた耐久性〟ですよね。そんなの我々のころからわかっていたんですが、ひとりひとりのスキルがそこまでなかった。

富澤 それがいまのジャパンは……？

松尾 明らかに俺たちのころより強い。OBヅラして行くのが恥ずかしいときあるもん。

伊達 当時とは何が一番違うんですか？

松尾 ひとりひとりにパワーが備わっている。2メートルの相手に臆《おく》さずタックルできているでしょ。

伊達 そんな松尾さんだって、新日鉄釜石の黄金期を支えたおひとりじゃないですか。松尾さんには東日本大震災はどう映っています？

松尾 いまは「スクラム釜石（※1）」のキャプテンを務めていてね。新日鉄釜石の者たちが集まって、いまの釜石シーウェイブスをバックアップしているんだけど。気概《きがい》はね、「元に戻すんだ」じゃなくて、「もっときれいな町にすんだ！」の勢いでやっていますよ。「自然になんて負けないぞ」「何回来たってめげないぞ」の精神でね。

伊達 シーウェイブスの選手はホント、早いうちから炊《た》き出しに参加してくださって。とにかく「力」がありますから、素手でガレキの除去などもやってくださいましたよね。

松尾 それが重要なことでね。「ラグビーチームのある町なんだから、力仕事は俺たちに任せろ！」と。それで、町の方々からかわいがられ、町の人といっしょに発展していく。

釜石にラグビーワールドカップを

伊達 釜石には、「釜石の奇跡」といわれるほど津波に関する教えがあって、今回（の震災で）ひとりも津波被害者を出さなかった小学校もありました。

松尾 釜石では現役時代に9年間過ごしましてね、「昭和何年かにここまで津波が来ました」って梁《はり》に書かれていた宿屋にお世話になっていたんだけど、今回はその宿屋が跡形もない……。

富澤 規模が違っていたわけですね。

伊達 その釜石で（ラグビー）ワールドカップですよ〜。

松尾 招致活動はしていましたが、自信はなかったんですよ。

伊達 ホントですか？　仙台の人の本音は、「まずは釜石からだろうな」「釜石に負けたら仕方ない」でした。

富澤 国中がそう思っていましたよ。

松尾 そりゃうれしい話だね。だけど、釜石には肝心のお金がない。税金と寄付、広く呼びかけているもの目標までは……。

伊達　旗振り役の松尾さんも、全財産を投げうっていらっしゃるとか……。

富澤　命名は「松尾スタジアム」ですか？

松尾　……この収録は、なかったことにしてくれないかな（笑）。

市民が支える〝ラグビーの町〟釜石

松尾　実際はね、修学旅行に来た子どもたちに「海を開放」して、海のない県から来る人なんかにもバーベキューで楽しんでもらってさ、さらに「スタジアムを開放」して、ラグビー部員が中心になってお世話できればいいな、と。

伊達　釜石という町そのものが「ラグビーの町だぞ」と、いくら自慢しても、し尽くすことはありませんもんね。

松尾　そうなんですよ。日本のトップリーグのなかで釜石シーウェイブスだけがクラブチーム運営、つまり、企業の金銭サポートを受けず市民運営で成り立っているんです。企業チームは業績が悪いとお金の援助も打ちきられちゃいますけど、こっちは「絆《きずな》」で結ばれているんですからね。

伊達　被災地の釜石には定期的に行かれているんですか？

松尾　行っていますよ。けどね……俺が行ったところで後輩に「飯食いに行くぞ」しかないわけで。よくいろんな方に同じ質問を受けるけど、現地には金がないのだから、東京で何かをやって現地に持っていったほうが正しいわけでしょ。

伊達　そうですね。

松尾　だから俺はね、東京で講演とかやってシーウェイブスの会員を増やす活動を一生懸命やっています。

伊達　現場で必要な「力」仕事は現役のラガーマンたちにやらせて、と。

松尾　そう。泥臭く泥臭くね。釜石だってさ、最初はラグビーなんかまったく相手にしてなくてね。それが全国優勝して優勝旗を市に持ち帰ったら、市長が「あの東京の国立劇場において〜」って……漫才大会の優勝じゃねえんだから！

そして4年後、ワールドカップが実現

2015年の出演から4年後の2019年、再び松尾さんが番組ゲストに登場。ラグビーワールドカップの釜石開催について、振り返っていただきました。

伊達　ラグビーワールドカップ、盛り上がりましたね！

富澤　でも僕らと松尾さんといえば……。

松尾　テーマは「釜石」だよね。何年も前から準備してね……もう1試合、やらせてあげたかった（※2）。ただ、あの日は新幹線は走らない、盛岡から釜石へ通じる道路もダメ、肝心の釜石市内も相次ぐ通行止めで……。

伊達　天は無情でしたよね。で、釜石開催についてはどうでした？

松尾　「スクラム釜石」を通じて運動はしていたんですが、まさかホントにできるとは……感無量でしたよ。当初は4か所開催といわれたなか、12か所に増えて、急に可能性が膨《ふく》れ上がってね。政治も動いたと思いますよ、「釜石の復興を世界に見てもらうんだ」って。

伊達　どんどん熱が伝わっていくのを実感したと、おっしゃっていましたよね。

松尾　亡くなった平尾（※3）とトークショーをやったときかな……実は最初に言い出したのはアイツなんです！　そのときは「無理でしょ」って心のなかでは思っていたけど、それが「松尾と平尾が提言」みたいに伝わり始めて……。

伊達　お亡くなりになった平尾さんはすごいことを遺《のこ》してくれたんですね。

松尾　大八木（淳史）の発言だったらダメだったろうけどね。あいつバカだから（笑）。

二人　またまた〜。

松尾　試合中にね、「もっと頭使え」って言ったらだよ、アイツ、頭突きしてペナルティくらってんの！

急成長したジャパンの秘密とは?

伊達 ところで今大会のジャパン、どう思いました?

松尾 「ONE TEAM」っていうけどね、日本に関しては「合宿」の成果ですかね。世界のチームは合宿しないんですよ、パッと集まってパッとやる。日本が一番いっしょに練習していましたから、心が動くんです。日本はチームプレーが凝縮してましたよね。それにしても、スコットランド戦の福岡選手のインターセプト(※4)……。

伊達 よかったですか?

松尾 ムカつきましたよ、頭もいいんでしょ、彼。いままでそんな文武両道の選手なんていませんでしたよ。

伊達 医者を志しているとか。

松尾 診《み》てもらいたくないね~(笑)。

富澤 松尾さんのころの世界戦はどうでした?

伊達 スコットランドとはやりました?

松尾 やりました、たまたまその日はリザーブで出場しなかったけど。

富澤 「負けるかも?」って気持ちが先行しちゃうんですか?

松尾　いやいや。試合前は「歴史を塗り変えてやるぞ！」って臨《のぞ》むんだけど、前半が終わるとやっぱり相手が相当強いことがわかる。で、後半残り20分で30点差となると、そこで試合は終わりなんです。

伊達　20分で5トライはできるわけがない、と。

松尾　それで「気力」が切れちゃって、終わってみると60点差。一度、喪失した戦意はもう戻らない。

伊達　でも、いまのジャパンは急激に強くなりましたね！

松尾　ただね、うれしいんだか、うれしくないんだか、よくわからないんだけど、「いまのジャパンが強くなったのは、君たちがあの長い歴史のなかでボロ負けを続けてくれた結果が積み重なって、なし得たことだ！　そんな君たちは偉かった！」と感謝されてもね〜。

次なる夢は、「松尾雄治カップ」!?

富澤　松尾さんは幼いころからラグビーやっていたんですってね。

松尾　親父の影響でね、松尾家にはラグビーボールしかなかったの。丸いボールを俺の友だちがリクエストするんだけど、「バカ野郎、このボールはな、壁にぶつけても戻ってこない。つまり、ひとりでは遊べないようにできているんだ！　だからお前たちは協力して遊べるんだ！」って言ってね（笑）。

伊達　名言ですね。親父さん賢い！

松尾 賢くなんかないよ。とにかく勉強が嫌いだったんだから。「お前、勉強なんかしたらぶっ殺すぞ」って言われてたくらいで……。DNAってあるでしょ、うちの親父はクラスで一番勉強ができなかったんだから。だけど……母ちゃんは学年で一番できなかった!!

富澤 そこ、自慢するところですか!?

伊達 松尾さんにはその英知を駆使して、釜石のその後を作っていただきたい。高校生には「花園」があるように、「釜石のグラウンドを目指す」大会ができればいいなと思っているんです。

松尾 東北6県が切磋琢磨して目指す決勝の地とかね……いいね!

伊達 できませんかね、「松尾雄治カップ」。

富澤 このままだとワールドカップがゴールになってしまって、釜石市民が燃え尽きちゃうのが心配です。

伊達 ましてや2試合目が中止で終わっちゃいましたから……。

富澤 2試合やらせてあげたかったな〜。

伊達 中止になってもボランティアをしてくださったカナダとナミビアの選手には頭が下がる思いです。それと僕がもうひとつうれしかったのは、ほかの競技場と比べて収容人数も少ないスタジアムでも、海外の選手たちはあそこでやる意味を理解して臨んでくれたこと。やっぱり「釜石」は日本ラグビーの聖地なんですよ。北の大地でね、あの海の端っこの小さな町で新日鉄釜石は7連覇を果たした。こんな劇的なドラマを知らない若い人も増えてきているんです。

富澤　やりましょうよ、「松尾雄治カップ」。松尾さんが言い出しっぺなら、失敗しても笑えるじゃないですか。

松尾　ずいぶん人生失敗したけど……。

伊達　失敗したら、「失敗した松尾さん」ってことで、またラジオに来ていただきましょう（笑）。

※1　ラグビーを通じて、釜石を中心に東北全体の復興支援活動を行うために発足したＮＰＯ法人。

※2　釜石鵜住居《うのすまい》復興スタジアムで予定されていたナミビア-カナダ戦が、台風19号の接近で中止となってしまった。

※3　平尾誠二。神戸製鋼では日本選手権7連覇を達成し、「ミスター・ラグビー」と呼ばれるなど、日本のラグビー界を牽引《けんいん》してきた。２０１６年、53歳の若さで逝去。

※4　ウイングの福岡堅樹《けんき》選手が試合後半、相手選手にからんで跳ね上がったボールを自らキャッチし、そのまま独走トライを決めた。

放送後記

伊達　小学生のころ、親父と現役時代の松尾さんの試合を花園で観てるんです。「いいか、あの松尾ってのが試合になると点とるからな」って親父から言われたけど、練習中の松尾さんはヤル気あんだかないんだか、フラフラしてたな～。

富澤　やってることはすごいのに、なんかヘラヘラしててね。熱くこられるとこっちが引いちゃうこともあるけど、松尾さんは飄々《ひょうひょう》として、いい感じに力が抜けていていいなって思います。

Chapter2 つなげる

渡辺 謙 俳優

気仙沼に毎日届ける直筆FAX「ていねいに、時間をかけることが大切です」

2016年5月放送

わたなべ・けん／1987年にNHK大河ドラマ『独眼竜政宗』で主人公・伊達政宗を務める。2003年に映画『ラストサムライ』でアカデミー賞助演男優賞にノミネートされるなど、世界でも高い評価を得る。新潟県出身だが、震災直後から東北で多くの支援活動を行なっている。

思い返す瞬間を作るのが基本

伊達 出た、伊達藤次郎政宗だ！ NHK大河ドラマで毎週観てたんですよ、ものすごいブームでした。

渡辺 あのころは東京と仙台の往復が続いてね。毎月、参勤交代の気分でしたよ。藩士会の「芋煮会《いもに》」に呼ばれたこともあるよ。

富澤 謙さんから「芋煮会」って言葉が出るとは！

伊達 『独眼竜政宗』は歴代最高視聴率でしたからね。

渡辺　仙台駅のエスカレーターを逆走させたこともありました。

富澤　はっ？

渡辺　駅にファンが集まりすぎて、危険回避ということで駅員の方が逆走させたんです。よく覚えていますよ。

伊達　謙さんといえば気仙沼の「K-port」（※1）ですよね。なぜ気仙沼だったんですか？

渡辺　気仙沼ってね「俺が、俺が！」っていう人が多いでしょ。港町だから気性強いのかな。見ている先も東京ではなくて、太平洋を隔《へだ》てたアメリカだったり。

伊達　遠洋漁業の町だからオープンなんですかね？

渡辺　僕が行っても「よぉっ」ってな感じで彼らは臆《おく》さない。それが居心地いい、というか楽しかった。ここだったらお手伝いできるかなって。

伊達　そのうち仲間も増えてきて？

渡辺　当初は芝居小屋とかも考えたんだけど、それだと開いている日とそうでない時間ができちゃうでしょ。だからイベントスペースのあるカフェにすれば、常設でスペシャルなことも可能になる、と。

伊達　K-portはいつ行ってもお客さんであふれてますもんね。それも若い人がいっぱい。

渡辺　うれしいことに今年（2016年）、高卒のルーキーを採用できましてね。地元の人に就職する場を提供することが夢だったんです。たったひとりかもしれないけど、「こんないい場所があるなら、地元に残ろう」って思ってくれたことがね。

伊達　そして毎日、謙さん直筆のFAXがお店に届いているじゃないですか。僕ら一度も謙さんにお会いしてなかったんですけど、あのFAXを何度も見ていて、僕らはつながってるって感じてましたから。

渡辺　1日に数分でもいい、1回でもいい、FAXを送ることで僕自身が気仙沼の人々のことを思い返す瞬間を作りたいんです。やっぱりそれが基本のような気がするから。

伊達　海外からも送ってくれてましたもんね。

渡辺　最近ね、ホテルからFAXが送れなくなっちゃって。ニューヨークにいたときは、毎日スタッフがキンコーズ（コピーサービスなどを行う店）まで足を運んでくれて、それがルーティーンでした。

支援の積み重ねがあるからこそ

富澤　ところで、謙さん、今日は映画のキャンペーンで番組にいらしたんですよね。

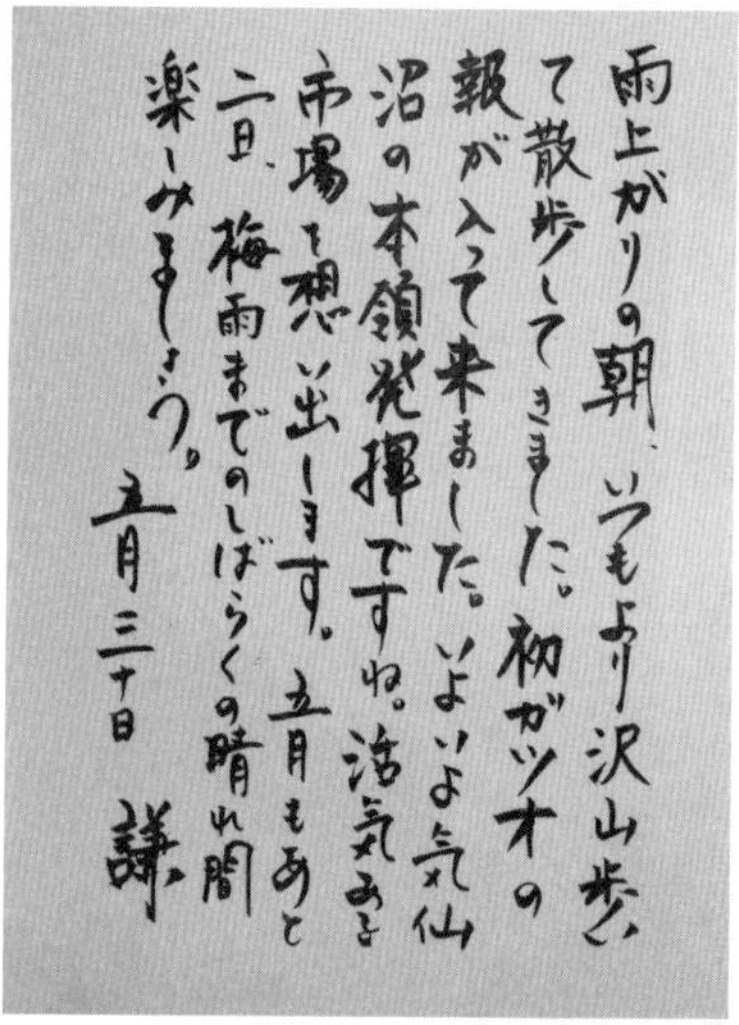
雨上がりの朝、いつもより沢山歩いて散歩してきました。初ガツオの報が入って来ました。いよいよ気仙沼の本領発揮ですね。活気ある市場を想い出します。五月もあと二日、梅雨までのしばらくの晴れ間楽しみましょう。
五月三十日
謙

2016年当時のFAX。このやりとりは現在も続いている。

渡辺　いいじゃん、映画よりも僕、サンドウィッチマンに会いたかったんだから！

伊達　うれしい限りで……K-port、支店は作らないんですか？

渡辺　全国各地にできてport会議ができればいいね、って話はしてますよ。実は小山薫堂《くんどう》さん（※2）からも相談を受けているんです。彼は熊本出身だから。

富澤　熊本地震か！

渡辺　だから天草にできたらいいね、って話を。

伊達　頭が下がります。

渡辺　いえいえ。ひとりひとりが無理しないで、できる範囲でやればいいことです。ただね、問題がナイーブだからていねいにやることも必要です。もちろん長い時間かけることも大事、すぐ終わるんじゃなくてね。

伊達　その積み重ねがあるからこそ、熊本の震災でも東北からの支援が熱いと聞いています。

富澤　「この間はお世話になったから」って。

渡辺　無理はしてほしくないけどね。

伊達　ということで、ごめんなさい。話題の映画『追憶の森』についてのインタビュー時間はなくなってしまいました。

渡辺　構わん構わん！

※1 渡辺謙が「つなぐ」をコンセプトに、気仙沼にオープンさせたカフェ。名前は「〝心の港（port）〟をプレゼントしたい」という思いが由来。
※2 放送作家、脚本家。熊本県天草市生まれ。東日本大震災直後は、渡辺謙とともに支援サイト「kizuna311」を立ち上げた。

放送後記

伊達　いまだに「なんでそこまでしてくれるの?」って不思議に思うんです。地元でもない土地にお店を作って、雇用を生んでって、すごいですよね。
富澤　「K-port」は僕らも何回も行ってますし、謙さんと気仙沼の話ができるってめちゃくちゃうれしいんですよ。俺らが被災したのも気仙沼なので、謙さんとは運命的なものを感じます。いつか気仙沼で会いたいですね。

シェルパ斉藤　紀行作家

自由きままな「歩き旅」いつか東北を一本の道でつなぎたい

2015年7月～8月放送

しぇるぱ・さいとう／学生時代に揚子江《ようすこう》を単独で下ったことがきっかけで、フリーランスの物書きとなる。1990年にロングトレイルの先駆けである東海自然歩道を踏破《とうは》し、紀行文を雑誌で連載。「シェルパ」のペンネームを編集者につけられる。

生きるうえで荷物はほとんど必要ない

伊達　今日は夏休みにふさわしい方をお呼びしています。

富澤　お化けですか？

伊達　違います。夏休みといえば冒険したり、旅したりということで、世界を旅してまわるアウトドア作家のシェルパ斉藤さんです。今日は山梨県の八ヶ岳からお越しいただきました。

富澤　どういう旅をしているんですか？

斉藤　たとえば、東京―大阪間の東海自然歩道1700キロを、徒歩で。

伊達　1700キロ⁉　徒歩で⁉

富澤　大阪までは500キロちょっとだよね？

斉藤　東海道とは別に、長距離自然歩道が大阪まで通じているんです。歩く旅を楽しむ道で、あっち行ったりこっち抜けたり。

伊達　ところでシェルパ斉藤さんは、どうしてシェルパなんですか？

斉藤　ネパールなどで山岳ガイドをするシェルパ族に由来するペンネームなんです。

伊達　ほかにはどんな旅をしてるんですか？

斉藤　先がどうなるかわからない旅が好きですね。キザな言い方ですが人生もそうじゃないですか、一寸先は……って。四国八十八か所のお遍路めぐりをしたときは、ビンゴゲームで次の行き先を決めていました。だから3番札所から41番に行って、その次は55番で次が9番みたいな。

富澤　『水曜どうでしょう』（※1）みたいだな。

斉藤　その昔は、耕うん機で日本縦断したこともありました。

伊達　えっ、北海道から？

斉藤　はい。沖縄の波照間《はてるま》島まで。

伊達 時速10キロも出ませんよね。

斉藤 時速8キロくらいですね。ママチャリに抜かされます。

伊達 ジャマですね〜！ どのくらいかかったんですか？

斉藤 4年3か月です

二人 ええ〜！

斉藤 ずっとではなく、1か月のうち1週間だけ旅をして、家に戻るんです。それでまた旅に行く。尺取《しゃくとり》虫《むし》方式でしたから時間はかかりました。

富澤 相当変わり者ですね。

斉藤 でも最近は、ロングトレイルを歩く旅が主です。アメリカなどは3000キロクラスの道がありますが、日本でも増えています。

伊達 健康志向とは違う？

斉藤 違います。歩く旅って出会いが濃厚なんです。車同士だと追い越してもすれ違っても仲よくなりませんよね。でも歩く旅は休憩所でまた再会することもあるし、「ここから2時間はいっしょに歩こうか」、なんてことも、地元の人と仲よくなることも日常茶飯事なわけです。なにより、おもしろいものに遭遇したら立ち止まれるし、時間も自分で決められる。歩きながら「見る」「匂う」「聞こえる」も自由自在。

伊達　確かに、道草食い放題なわけですね。

斉藤　しかも寝具を持って行動しているので、気に入った場所にどこでも泊まれます。

伊達　自由だな〜。

斉藤　それと、全部自分で背負って歩くわけですから、持ち物が増えすぎると重くて行動できなくなります。だから、「生きるうえで荷物はほとんど必要ないんだ！」と実感できます。

伊達　普段は電車とかも乗りますよね？

斉藤　もちろん。ロングトレイルだって「ここは歩くのつらいな」と思えば、バスや電車に乗っていいんです。要は「気ままに自分で決めればいい」がルール。

伊達　その本格的なロングトレイルが、宮城と福島でもできるんですよね。

斉藤　はい、いま（2015年夏）作っている最中です。復興に結びつけようということで、被災地を1本の道でつなごうと。北は八戸の厳島《いつくしま》神社から、南は福島の松川浦。全長1000キロです。アドバイザーとしてお手伝いしていて、断片的に歩いて確認しています。

伊達　東北の沿岸を歩いてみて、いかがですか？

斉藤　ロングトレイルで大事なのは、絶景だけを求めないこと。美人も3日すれば飽きるように、いい景色も飽きます。これは個人的な感想ですが、リアス式海岸もやっぱり飽きますね。でも、いいものを発見しました。

富澤　いいもの？

斉藤　東北の方々のホスピタリティです。訪れた人を歓迎したい、という気持ちがみなさん強いんです。ただ、少しシャイですね。関西や九州に行くと、たいがい「どっから来たの？」と話しかけられますが、東北ではまずない。でも、こちらから話しかけさえすれば、ほかの地域よりも親切だと思います。

伊達　なるほど。

斉藤　岩手県の北山崎の断崖に、手掘りのトンネルがあったりするんですね。海岸から海岸に移動する道なのに、人しか通れない。それはなんのためにできたのか地元の方に聞いてみたら、陸中海岸国立公園（※2）ができたとき、来てくださる人に楽しんでもらうために掘ったんですって。

伊達　それ、おもしろいですね。

斉藤　そんなトンネルが何か所もある。だから旅の雑誌に書いてます。みなさんに行ってもらおうと思って。それだって復興につながりますからね。

自宅は8か月で手作り

伊達　いまは夏休みですが、子どもたちにはどんな過ごし方をしてもらいたいですか？

斉藤　僕は携帯電話やスマホは持っていません。一度手にしてしまった子どもたちにとって、手放すことは難しいとは思いますが、あえて「数日でいいから持たないで行動してみようよ」と言いたいです。スマホ1台あればすぐに答えが検索できてしまいますよね。物思いに耽《ふけ》ったり、ボーっとしたりする時間も大切だと思っています。携帯やスマホって、下を向いちゃうじゃないですか。

伊達　確かに。

斉藤　夏休みくらいは空を見よう！

富澤　名言ですね。星とかもね。

伊達　素敵なお父さんですね。そうそう、八ヶ岳に住んでいるそうですが、家を自分で作ったんですって？

斉藤　はい。カミさんに「動物は家族を持ったら巣を作るんだから、あなたも家くらい作りなさい」と言われまして。

富澤　「買いなさい」じゃないんだ。

伊達　（家の写真を見て）えっ、すごい！何これ！

斉藤　火のある生活をコンセプトに、薪《まき》ストーブのあるログハウスにしました。お風呂は五右衛門風呂、お米は竈《かまど》で炊きます。建ててちょうど20年経ちました。

伊達　うわ、憧れますね～。

斉藤　カミさんが誕生日プレゼントに作ってくれた縄文時代の竪穴《たてあな》式住居もあって、なかで焚《た》き火《び》もできるんです。

富澤　平成の世のなかで竪穴式住居に住んでるのは、シェルパさんだけでしょうね。

斉藤　いえ、こちらは別荘代わりに使ってます。もちろんゲストが泊まりに来たときにご案内したりも。

伊達　自宅はプロが作った家みたいですね。隙間風とかは入ってこないんですか？

斉藤　大丈夫です。やってみて思ったんですが、意外と家って作れるもんですね。

伊達　完成まではどれくらい？

斉藤　8か月でした。最初に生ビールサーバーを買って、「ビール飲み放題にするから、みんな手伝ってくれ！」と仲間を呼んで。

「どこでもいい」でヒッチハイクの旅

伊達　こんな素敵な家がありながら、1年のうち100日くらいは旅をして、それを原稿に書くだけで食っていけるんですか？

斉藤　この生活を始めてわかったんですが、田舎に暮らしているとお金を使わないんですよ。というか払わなければいけないものが都会に比べて圧倒的に少ない。自活できますね。

伊達　この屋根、ソーラーパネルですもんね。

斉藤　電力はそれで充分です。

伊達　毎日あくせく働くの、バカみたいですね。

伊達　ところで最近出かけたのはどこですか？

斉藤　キューバではいまもヒッチハイクが盛んだと聞いて、実際に行ってきました。

富澤　言葉は話せるんですか？

斉藤　いや、話せないんですよ。行ってから気づきました！

伊達　気づくの遅いですね～。

斉藤　まぁ、行けばなんとかなりますし、行き先も決めないほうが楽しいじゃないですか。だから乗せてくれたキューバの人に、どこに行きたいのか聞かれて「どこでもいい」って適当に答えたらあきれられました。

富澤　そりゃそうでしょ、ヒッチハイクって「○○行きたい」って言い出すもんだから。

斉藤　昔、日本で、ヒッチハイクで乗せてもらった車に「どこでもいいから連れて行ってくれ」っていう旅をしたんです。

富澤　ゴールはどうするんですか？

斉藤　自分が飽きたときです。

伊達　この人と1か月くらいいっしょにいたら、すごい楽しそうだなぁ。

※1 北海道テレビ制作のバラエティ番組。1996年にスタートし、大泉洋らが無謀な旅を続ける様子が人気を博した。

※2 岩手県北部から宮城県気仙沼付近を占めた国立公園。2013年に青森県の種差《たねさし》海岸階上岳《はしかみだけ》県立自然公園を編入し、三陸復興国立公園に改称。

放送後記

伊達　正直あまり覚えてなかったけど、読み返してみるとおもしろい話してる！　つくづく思うけど、この番組っておかしなゲストばっかり来てますね。

富澤　ひたすら歩く旅、新鮮だったな。東北のロングトレイル（※）って完成したんですよね？　1回行ってみたいなぁ。

※ロングトレイルは「みちのく潮風トレイル」として、2019年6月9日に青森県八戸市から福島県相馬市までの全線が開通。

青山 潤 東京大学教授

きっかけはサンドウィッチマン 震災から考える地域貢献

２０１８年12月放送

あおやま・じゅん／東京大学大学院農学生命科学研究科博士課程修了。東京大学大気海洋研究所でウナギの研究に携わる。２０１４年４月、岩手県大槌町にある大気海洋研究所・附属国際沿岸海洋研究センターに着任。

世界的発見、19種目のウナギ

富澤 本当に教授なんですか？　自動車整備のおっさんにしか見えないんですけど。

伊達 やめろ！　世界的なウナギ研究の第一人者だぞ！

富澤 岩手県大槌《おおつち》町からお越しなんですね。

伊達 大槌といえば東日本大震災で甚大な被害を受けた地域で、町長さんもお亡くなりになりました。

青山 はい。研究所職員で亡くなった方はいませんが、彼らの親戚や友人など多くの命が奪われたと聞いています。研究センターも再建の運びとなりました。

富澤 幼いころからウナギには興味があったんですか？

青山 いや、全然。海洋研究所に入ってからも、当初はカジカを研究するつもりだったんです。でも「ウナギの研究をすれば世界を旅することができるよ」とそそのかされまして。

富澤 動機が不純ですね。

青山 当時、世界に生息する18種類のウナギすべての標本を持っている研究機関はひとつもなくて、まずはそれを制覇しろと。「ウナギ探しの冒険譚」ってなんかワクワクする話じゃないですか。

伊達 確かに、ロマンありますね。

富澤 えっ、で、ウナギの新種を青山さんが発見したと？

青山 ２００９年に報告させていただきました。東大の海洋研究所では世界18種類の遺伝子のデータを集めていたんですが、あるとき、外洋で明らかに違う遺伝子を持つウナギの子どもを見つけたんです。調べてみると、これはフィリピンのルソン島付近の川に生息しているのではないかと。

富澤 それで？

青山 ルソン島の僻地《へきち》をおんぼろバスで乗り降りし、ウナギをかき集めました。そのなかに、小さな売店で買った「ウナギの燻製《くんせい》」があったんです。現地では滋養強壮剤として売られていたんですが、それを持ち帰って、帰国後にDNA判定をしたところ、19種類目だとわかったんです。
富澤　現地では普通に食べられていたわけですよね！
青山　はい、燻製でした。
伊達　でもそうなると、燻製でない実物を獲《と》ってこなければなりませんよね。
富澤　リアル『インディ・ジョーンズ』の旅となるわけですね。
青山　「このウナギを獲ってるのは、遠く離れた山で狩猟生活を営む、通称ネグリートと呼ばれる先住民族で、歩いて2〜3日かかるし、外国人が行ったら死んじゃうよ」と言われました。
伊達　で、行っちゃうんですか？
青山　行っちゃうんです。
伊達　死んじゃうよ、って言われても。
青山　でも、行きました。すると……。
富澤　すると？
青山　電気もガスもありませんでした。でもミッキーマウスのTシャツを着てました。
富澤　全員が、ですか？
青山　いえいえ。でもみんな背が低くて、高い方でも160センチくらい。実は帰国してから教えてもらったんですが、ネグリートはアエタ族などを含む民族で、文化人類学的には「薬草の魔術師」と呼ばれる、大変貴重な部族だったようです。学者仲間たちからは「ウナギしか持って帰ってこなかったのか！」とひんしゅくを買いました。

富澤 やっぱり体力も違いました？

青山 そうですね。我々が河原の大きな石の上を転ばないように恐る恐る歩いている脇で、幼稚園に入るかどうかくらいの子どもたちが、キャッキャと飛び跳ねてました。我々はこれを「神の追いかけっこ」と名づけましたね。

伊達 ネグリートの人たちには「青山さんがウナギの研究者だ」ということはわかってたんですか？

青山 わかってないと思います。ウナギを欲しがる変人だと思われてたでしょうね。一匹獲ってもらうごとに、町で買い込んだたばこや缶詰と交換していたわけですし。

伊達 物々交換してたんだ。

富澤 ちなみに、食べたりはしたんですか？

伊達 それはないでしょ、学術的な資料ですから。

富澤 だって現地では普通に食べているものでしょ。

青山 それが……食べちゃったんですよ。

伊達　えっ!?

青山　部族の人が1メートルサイズを獲ってきまして、そんなに大きいのは荷物になるから「いらない」って言ったら。

伊達　料理してくれたの？

青山　さっと茂みに入り、2〜3種類の葉っぱを持ってきて、川の水と塩と、ぶつ切りにしたウナギを鍋にぶち込むと、不思議な清涼感いっぱいのスープになりました。それがうまかった！

伊達　天然のウナギってそのままだと泥臭いし、ちょっと脂《あぶら》っぽいですよね。

富澤　それが清々《すがすが》しい味になりますか!?

青山　なったんです。あれが「薬草の魔術師の技だ」って、あとで妙に納得したんですけどね。

富澤　研究では新種のウナギだけど、ネグリートからすれば常用食ですもんね。

伊達　ということは、ひょっとしてもっと新種が見つかる可能性もある？

青山　ウナギに限らず、新種の生物はまだまだいるはずです。ただ、発見に至るプロセス、つまり国と国との手続きが現在、（当時に比べて）格段に難しくなっているんです。条約や、領海に関するナショナリズムや……。

伊達　世知辛い世のなかになってるんですね。

「三陸の海に輝いてほしい」

青山さんたちが石巻で被災地支援を行なったのは、まだ道路整備もままならない震災直後の5月。仙台市のウナギ屋さんたちと、備長炭も用意し、アウトドアでありながら本格的なウナ丼を支給したのでした。しかし、数には限りがあり、全員に配れるわけではありません。そんななかに、ウナギを焼く煙をかいでいるおじいさんを青山さんは見つけます。思わず「数が足りなくてすみません」と言うと、おじいさんは「いいんだ、いいんだ、嗅《か》いでいるだけで幸せな気分になるから」とボロボロ涙を流されていたそうです。

伊達　ところで青山さん、仙台市の小学校では給食にウナギが出るの、知ってました?

青山　えっ……。

伊達　知らないですよね、大阪から転校してきたときに俺もびっくりして、わざわざ家に持ち帰って両親に報告したくらいですから。

富澤　ほかの地域では出ないんだ。魚ぎらいの俺も、ウナギのときだけは「なんてウマいんだ」って、隣のクラスに行って休んだやつの分ももらいましたから。「アイツと約束してたから」ってウソついてね。

青山　あ、そういえば日本で初めてウナギの駅弁を発売したのは、宮城県の小牛田《こごた》って知ってました?

二人　そうなの!?

青山　養殖が始まるまで、松島湾は日本三大漁場のひとつだったんです。

伊達　知らなかったな〜。

青山　だから東北のウナギってすごいんですよ。

伊達　それで、ウナギの研究って何を意図して？

青山　世間では絶滅するとかしないとかで騒がれますが……そんなことは知りません！

富澤　え〜！

青山　そんなことより大切なことを、大槌町が気づかせてくれたんです。地元の小学生の体験学習に研究所を開放しているんですが、数年前、ある児童が「においが最悪」と言って海の生き物に触れなかったんです。ですがその子、震災前はそんなことは言ったことがなかったそうで。

伊達　なるほど……。

青山　どんな経験をしたのかわかりませんが、三陸の将来を担う子どもたちが、海を敬遠している。海との距離ができてしまった。これは由々《ゆゆ》しき事態だと受け止めました。三陸の海はもっとキラキラ輝いていないといけないんです。それに、僕ら研究所の人間は、震災時にあれほど地域の方々に助けられていながら、何も恩返しができていない。ウナギの卵を追いかけたところで、それが地元のなんの役に立つのか、と忸《じく》怩《じ》たる思いでいっぱいでした。

海を見直し、地域に希望を

青山 そんなころ、サンドウィッチマンのおふたりの言葉に触れたんです。「笑いで復興を目指す！」。これはね、「突き詰めればどんなことでも役に立つ」という意味ではないかと。そこで見えたのが、我々の使命です。

伊達 もう一度、地元の海を身近な存在にする、ということですね？

青山 そうです。そこで東大の社会科学研究所とタッグを組み、「海と希望の学校ｉｎ三陸」というプログラムを立ち上げました。三陸というのはリアス式海岸になっていて、湾ごとに環境がまるで違うんです。

伊達 鉄道に乗るとよくわかりますね、湾によっては牡蠣《かき》の筏《いかだ》があったりとか。

青山 自分の家の窓から見えるこの海を、みなさんそれぞれが「隣とは違うんだ！」と誇れるようにしたい。海をローカル・アイデンティティとして見直すことができれば、地域に希望が生まれるのではないかと考えたんです。40年以上前から大槌町に研究所を構えていて、「世界的な研究成果を挙げることが地域貢献だ」と考えて来たのですが、結局……。

伊達 地元との距離ができてしまっていた？

青山　はい。あの震災が起き、地域の方々に助けられた。そして我々も地域の一員なんだと、改めて気づかせてくれました。そこで、再建した建物はオープンなスペースとし、大小島真木さんには8メートルの天井画（P072参照）を描いていただきました。盛岡からお見えになった方が「こんな素敵な場所が盛岡にもあったらいいのに」と言ってくださり、地元の方々も喜んでくださって。

伊達　盛岡といえば岩手の中心地、そんな人から言われちゃうと、そりゃあ地元の人はうれしいでしょうね。

富澤　そのくらいのスタンスがいいですよね。できることしかできないんだから、できることをやればいいんです。

放送後記

伊達　しばらくはネグリートの民族が全員、ミッキーマウスのTシャツを着ている絵が頭から離れなかった。漫画みたいだったな。

富澤　人生のなかで、あの時間ほどウナギのことを考えたことなかったよな。「ウナギ食べてーな」とか、もう軽々しく言えないですよ。

大小島真木 現代アート作家

「モノではない支援の形を」海の豊かさをアートに乗せて

2018年10月〜11月放送

おおこじま・まき／東京都生まれ。3歳から絵を描き始め、2011年に女子美術大学大学院美術専攻修士課程修了。2018年、岩手県大槌町の東京大学・国際沿岸海洋研究センターの天井画を手がけた。2019年、作品集『鯨の目』を出版。

生きるうえで荷物はほとんど必要ない

富澤 大きいのか小さいのか、はっきりしない名前ですね。

伊達 女子美術大学大学院の卒業で、日本はもとよりメキシコ、ポーランド、インド、中国といった、世界を股《また》にかけて活躍されているとか。

大小島 作品をもとに各国でコミュニケーションしているんです。

富澤 壮大すぎてついていけないな……。

伊達　（岩手県大槌町《おおつち》にある）東大の海洋研究センターの天井画を描かれたんですよね。

大小島　研究所の方々から、大槌を支えてきた海の生き物や、私たちの体を作る原子の構造などのお話を聞きながら制作しました。完成後にワークショップも行い、研究所の方が大槌の海についてのお話をされたりもしましたね。

富澤　すごい絵だなぁ。

大小島　地元に住んでいても意外に海のなかは知らないんですよね。だから、これだけ豊かな生態系が近くにあるって知ってほしいと思ったんです。

伊達　それにしてもすごいなあ、この絵。

富澤　これ、首、描くときって大変じゃないですか？　ずっと上を見ながらでしょ？

大小島　そうですね、重力に逆らうわけですから。

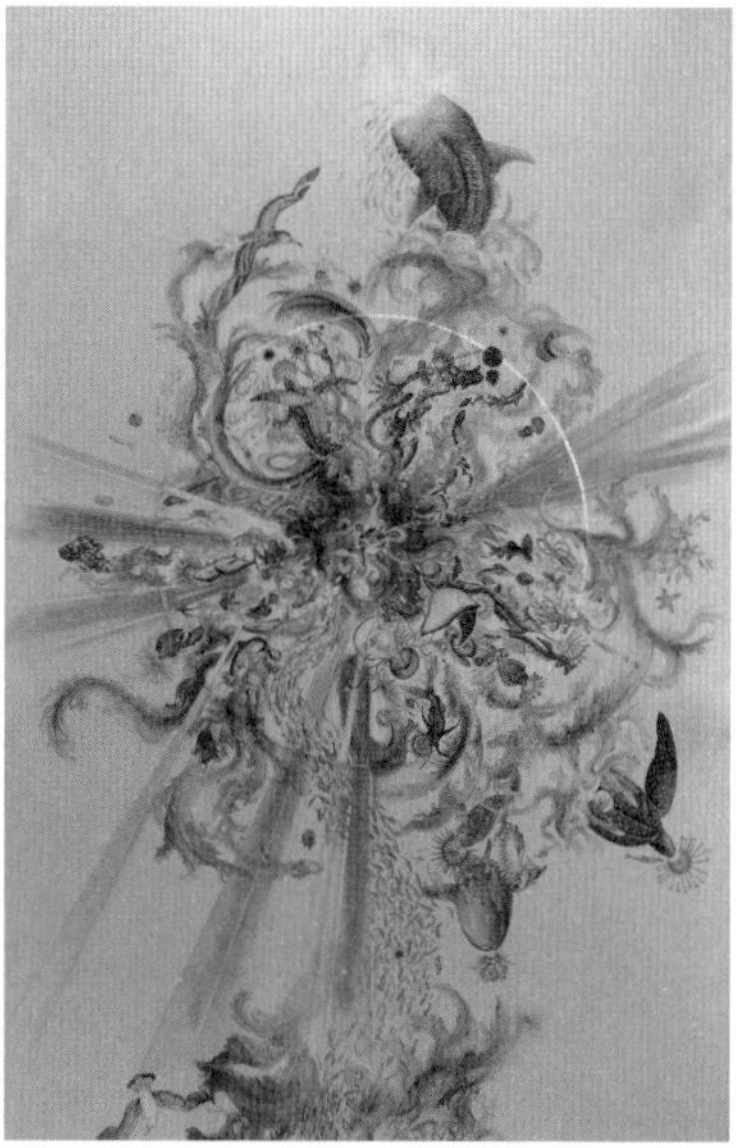

「生命のアーキペラゴ」
©Maki Ohkojima　［撮影］山本祐之

伊達　絵の具、途中で垂《た》れてきませんか？

大小島　そこはテクニックでカバー！　と言いたいところですが、実際はかなり大変です（笑）。

伊達　ごめんなさいね、バカみたいな質問で。

大小島　いや、でもミケランジェロは実際、垂れた絵具が目に入り、視力が落ちたと聞いたことがあります。

伊達　そうなんだ！

富澤　壁を見たらなんでも描きたくなったりします？

大小島　どんなコンディションで描けるかなって想像はしちゃいますね。

大小島さんは大学院卒業式の直前に東京で東日本大震災に遭遇。卒業証書もあわただしく受け取る混沌とした状態のなか、仲間たちともに、石巻を中心に泥かきボランティアを行いました。研究センターの天井画もボランティアの一環ですが、はたしてそのきっかけはなんだったのでしょうか？

大小島　私の地元の知り合いの方が、ずーっと大槌町を支援されていたんです。なぜなら、その地で友だちを亡くしたから。そして7年が過ぎ「物質的なモノでない支援ってなんだろう？」と考えたときに、ちょうど研究センターの建て替えがありまして、研究センター側も地元とつながる関係性を探している、具体的には「開かれたエントランス」を作りたいということだったので、それならみんなでやりましょう、と。

伊達　デザインも研究者のみなさんの話にインスパイアされた？

大小島　はい。海って、いろんな生き物が溶けていて、生と死が繰り返される「生命のスープ」みたいだなって思ったんです。だからまんなかにはメタファーとしての「海の卵」を配置して、そこからいろんな生き物が生まれる……というイメージで。

伊達　お近くに行った際はぜひ、ご覧になることをオススメします。どなたでも入れますよね？

大小島　もちろん無料です。

伊達　絵って、言語みたいなもんだな。

大小島　そうです、言葉なんですよ。

アーティストとして調査船に

伊達　資料に「フランスの海洋調査船のタラ号（※1）に、レジデンスアーティストとして参加」ってあるんですが。

大小島　海って宇宙と同じくらい、あるいは宇宙以上に謎だらけな世界で、タラ号はそれを調査するための科学者の船です。でもファッションブランドのアニエスベーさんがサポートしていて、アーティストとして船に乗り込める機会をいただけたんです。おもしろいでしょ？

富澤　なんでですか？

大小島　私も「どうしてだろう？」って思ったんですけど、科学的な立場から「温暖化している」「地球環境が大変」と語るのも大事なんですが、それをより多角的に伝えるためにアーティストの視野に立って、芸術表現というかたちをとるのも大事ではないか、と考えたそうです。

伊達　へぇ〜、どうやって選ばれるの？

大小島　これは公募制ですが、私の場合はフランスの友人が推薦してくれて恵まれていました。

富澤　それで、どうやって作品に？

大小島　乗船中にいろんな方と話したことを描きとめていきました。この話はキャプテンに聞いたもので、「酸素はどこからくるか知っていますか？」「森に生《お》い茂る草木の葉緑素から光合成で作られていることは知られていますが、実際のところ私たちの使っている酸素の半分は海から、海中のプランクトンによって作られています」「だから人間の肺は森の緑色と海からの青色でできているんだよ」って（「私たちの海と森の肺」）。

伊達　なるほど。

大小島　私たちが生きているのは森と海のおかげ。それをドローイングしました。

伊達　なんか壮大な話を聞いちゃったな。ちゃんとした人としゃべると、血のめぐりがよくなるというか、体が循環するな……。

富澤　俺ら、いつもバカみたいな人とばっかりしゃべってるからさ。

ラジオなのにイラスト対決

伊達　せっかくなので大小島さんに絵を学びませんか？

大小島　いいですよ！

富澤　ラジオだぞコレ！

伊達　テーマは海の生き物で、サメにする？

（描き始めると、3人ともしばらく無言に。特に、かつて〝絵心ない芸人〟の常連だった伊達にとっては苦痛の時間に）

伊達　……子どもにね、絵を描いてあげたいんだけど、「パパは描かなくていい」と言われてまして。

大小島　絵が描けないなっていうときは、想像するというよりも、写真やサンプルをよく見て、デフォルメしちゃえばいいんですよ。

富澤　「絵心ない芸人」の称号をもらったことで、いろんなところで描いているから、お前最近うまくなってるよ。

大小島　あっ、全然ヘタじゃないですよ。ほら、歯がトゲトゲしいし。これは……サメ？

伊達　わっ、大小島さん早いな！

大小島　大きく描きすぎちゃったので、尻尾が紙からはみ出してしまいましたが、こんなのは紙を継ぎ足せばいいんです！（と言いながら、別の紙を貼りつける）

伊達　うわうわ、そういう考え方すばらしい！

大小島　芸術だけじゃなくてすべてのことがそうだと思うんですよね。

伊達　「はみ出したっていいじゃない」とね。

大小島　そう！　漫才にもオチがなくたっていいじゃない（笑）。

富澤　あっ、すごい進歩じゃん伊達さん。背ビレ

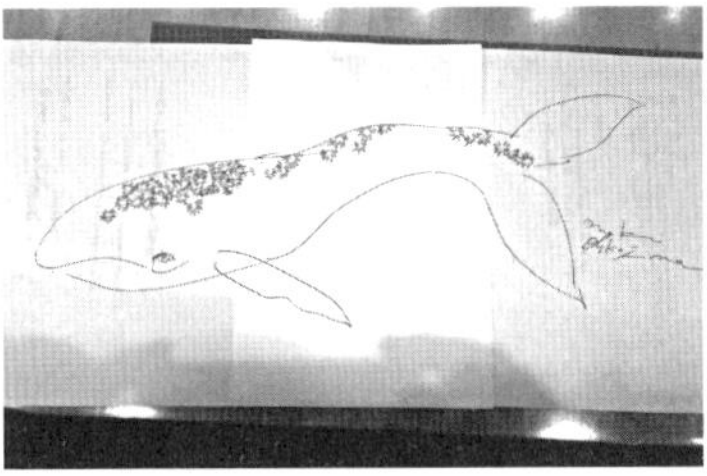

▲大木島さんによる、ふじつぼを星にみたてた宇宙クジラ

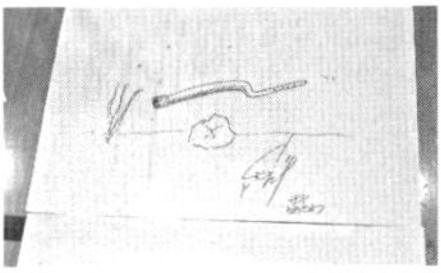

◀富澤によるベルトアナゴ

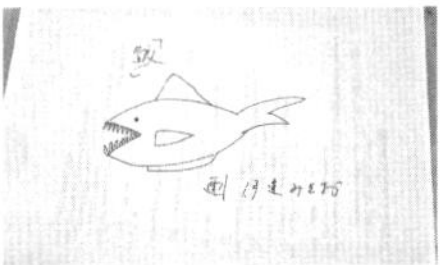

◀伊達によるサメ

もついた。いままでは魚に歯グキを描いていたくらいだから。

伊達　富澤のはなんだ？

大小島　頭になんかつけてる！

富澤　サメって鮫皮があるでしょ、だから鮫皮のベルトをモチーフにした架空の生き物。

伊達　お前なんだよ〜、芸術っぽく意識しちゃって！

富澤　アーティスティックな一面を見せちゃおうかなと。

大小島　遊び心がありますね、でも伊達さんのも素敵です！

伊達　大小島さんのは……これは……ジンベイザメ？

大小島　えっ？

富澤　違うんじゃないか？

大小島　ジンベイザメということにしましょう。

伊達　お腹についてるのはなんですか？

大小島　クジラの体にはフジツボとかが付着しているでしょ。それを星屑みたいにしてイメージした「宇宙クジラ」です。

伊達　宇宙クジラだって!?　目がかわいい！

※1　2003年、フランスのデザイナー、アニエス・ベーが手がけるファッションブランド「アニエスベー」のCEO、エティエンヌ・ブルゴワが船を購入し、「タラ」と命名。環境の脆弱《ぜいじゃく》性に対する啓発と、気候変動の海洋への影響について調査する「タラ号海洋プロジェクト」を発足した。

放送後記

伊達　作家さんなりの支援の仕方ですよね。（大小島さんの描いた絵は）子どもたちにも人気って聞いたし、何世代にもわたってずっと残るからね。当時のことを知らない世代も、それを見れば思い出せる。大事な支援のひとつだなと思います。

富澤　僕らもそうだけど、物質的ではない支援ってすごく悩むんです。でも結果的に、こうやって役に立ってる。こういう人を見ると、やっぱりモノではない支援も必要なんだなって思いますよね。

Chapter3
考える

志村季世恵　ダイアログ・イン・ザ・ダーク代表理事

真っ暗闇のなかで、人のつながりを考える

2014年11月～12月放送

しむら・きよえ／バースセラピストとして、妊婦や育児に苦しみを抱える女性、心にトラブルを抱える人をカウンセリング。独自の手法で末期がん患者へのターミナルケアなども行う。現在はダイアローグ・ジャパン・ソサエティ代表理事として、多様性への理解と現代社会に対話の必要性を伝えている。

自分の無力さを知る、真っ暗闇の体験

伊達　志村さんがプロデューサーを務める、ダイアログ・イン・ザ・ダーク（※1）。正直、我々ふたりとも知らなかったんですけどね、実は先ほど体験させてもらいました。真っ暗闇のなかで日常を体験しますから、電子機器の持ち込みも禁止。従って、ラジオの録音もできませんでしたが。

志村　漆黒の闇ですからね。

伊達　東日本大震災に遭《あ》い、ろうそく1本の夜を過ごした方もいるかと思いますが、あの闇とはレベルが

違う。絶対に慣れるものではないですよね。そんな右往左往する我々をガイドしてくれるのが……。
志村 目の不自由な方です。
富澤 立場がまったく逆になります。僕らはウロウロするだけで、目の不自由な方が寄り添ってくれる。
伊達 でも私、思いっきり遊んじゃいました。おもしろかった〜。
志村 それでいいんです！
伊達 ひとり1本、視覚障がいのある方が持つ杖を渡されて、歩く練習から始めて。
志村 「白杖《はくじょう》」っていいます。
伊達 段差なんかもそれで確認してね。「命綱」ならぬ「命杖」になるんです、大げさでなく。
富澤 実際、歩いていると段差とか砂地とか岩とかがあるんですよね。
伊達 体験した人の感想で多いのは？
志村 「人っていいね！」ってよく言われます。
伊達 そうなんですよね。見知らぬ人たち、9人くらいがいっしょになって行動するんですが、お互いが困らないように声をかけ合うし、手も握り合う。そうじゃなきゃ前に進めない。
富澤 「その先は段差がありますよ」なんてね。でも、実際見えないので「その先」はどれくらい先なのかも、なかなかわからない。

伊達　自然と口から「気をつけてくださいね」って出てしまうんですよ。

志村　それと、目の不自由な方＝弱者と言われている人に頼りながら、案内してもらうのですが、体験なさった方は「障がい者を『不自由な方』と思っていたけれど、『不便』があるだけで『不自由ではない』」と価値観が大きく変化したという感想も多いので私もうれしいです。

暗闇のなかでは、素直に謝れる？

富澤　仲が悪い人同士が行っても、仲よくなりますよね。会社の同僚とか、ケンカ中の夫婦とか。

志村　あるカップルから聞いた話なんですけど、「暗闇のなかでは謝れる」んですって。入館前はギクシャクしていたふたりが、終わってからは手をつないでお帰りになるのを見かけたりします。

伊達　だって、協力し合わなければ生きていけないもんね。

富澤　ホントに初めての経験でしたね。仲が悪い漫才師もふたりで来ればいいんだよ！

伊達　ほかに印象に残っている感想などはありますか？

志村　50代のご夫婦が出てこられたときに、奥さんが泣いていらしてね。恐る恐る「どうかなされました？」って聞いてみたんですよ。そしたらね、「私は20代で彼と恋愛して結婚したんですが、当時の彼の電話の声を思い出してね。あの声に憧れていたんだなって。『ああ、この人はこんな声だったんだ〜』って感動して泣いちゃったんです」って。そして、旦那さんに「あなたの声を何十年も聞けてなくてごめんなさい。これからはちゃんと聞くね」と言っていました。

伊達　スタッフさんは何人くらいいらっしゃるんですか？

志村　東京と大阪を合わせると60人くらいです。そのうち3分の2が視覚障がい者ですね。思いやりがあり、そしてたくましいです。いままでは障がい者として国から援助を受ける、いわば弱い立場だった。でも、私たちが出会うことなく、知らなかっただけで優れた能力がある。そして、税金を払う立場になりたい、もっと自分を活かして社会参加したいと言っていますね。

伊達　立派ですね～。納税したくない輩《やから》がこれだけいる世のなかなのに。

被災地でも対話を生むきっかけに

このダイアログ・イン・ザ・ダークは、東日本大震災後の郡山と会津でも開催されたという。

伊達　なぜ、被災地で開催されたのでしょう。

志村　私が主宰している「こども環境会議」（※2）で福島の子どもたちから意見を聞く機会があったのですが、そのときは放射線量もまだ高くて外では遊べないし、大人たちもギスギスしていて、子どもたちに放射能の情報を与えてくれないと……。そこで子どもたちが、「対話の場が欲しい」と言ったんです。

伊達　ほうほう。

志村　「先生や大人は自分たちより偉い存在だけど、対等な場で話したい」と。求められていたのは、「対等な関係での対話」だったんですね。それで、ダイアログ・イン・ザ・ダークを被災地の郡山と会津に持っていきました。

伊達　僕らも体験してみてわかりましたが、この施設は単に「視覚障がい者の立場になりましょう」というだけじゃないんですよね。

志村　障がい者疑似体験で終わるのではなく、真っ暗闇のなかでみんなで同じ立場になって、遊んで対話をしてそこから相互理解を深めよう、ということなんです。

富澤　福島での結果はどうでした？

志村　大人の方々は、子どもを不安がらせないためにあまり情報を伝えなかったことが、子どもにとってフラストレーションの元になることを知りました。子どもたちは「もっと僕らも福島をよくしたいし考えたい。僕らを信じて！　僕らも力になりたいから」って。

富澤　子どもたちから言ってきたんだ……。

伊達　どんな授業よりも人間的に成長できる気がしますね。

富澤　話し合うことの大切さを痛感します。

目の不自由な方々から学ぶこと

伊達　ところで、その東日本大震災では障がい者の方々は僕ら以上にご苦労が多かったかと思うんですが、何か聞いていています？

志村　私たちの仲間の視覚障がい者からは何も聞いていていません。

伊達　不自由ではなかった？

志村　私たちのほうが「苦労したんじゃないですか？」って聞かれました。「停電で夜は暗くて大変だ」と言ったって、そもそも僕らの日常には明かりがありません。コンビニだって場所はもちろん、営業しているか否かもにおいでわかる。コンビニの違いまでにおいでわかるんですって。

伊達　においの感覚が研《と》ぎ澄まされているのはダイアログ・イン・ザ・ダークでも発揮されていましたが、やっぱり全然違うんですねぇ。

志村　ただ、停電で駅などの音声案内がなかったときは不便を感じていたと。「でもね、そういうときは人に聞けばいいんですよ、人に頼ればいいんですよ」とも言っていました。そういえば、ダイアログ・イン・ザ・ダークを通し、健常者の高校生と視覚障がい者との交流会で、津波に流されかけて見ず知らずのトラック運転手に助けられた高校生が、「血のつながりのない他人同士でも困ったときは助け合うことを、今回初めて学びました」と発言したのです。すると、ある視覚障がい者が「高校生になって初めて知ったの？私は毎日助けられて、そして今日もここに来れたよ。だから、毎日人の温かさを知っている」と言っていました。

伊達 なんでしょうね、視覚障がいのある方の謙虚さって……。どこで学んでいるのかな、日々の助け合いから自然に培《つちか》われていくものなのかな。だけど、視覚障がい者の方は今回の震災を目の当たりにすることはできなかったわけですよね。そのことはどう感じているのでしょうか？

志村 ダイアログ・イン・ザ・ダークのスタッフたちは、映像は観られませんよね。だから、「肌で感じたい」と言われ、みんなで被災地ツアーに行ったんです。彼らは折れ曲がったガードレールや信号機を手で触って、津波の跡を手でなでて体中で感じていました。私たちはあの悲劇を目でとらえていましたが、彼らの「知ろうとする力」は胸に刺さるものがありましたね。

伊達 それは僕らにとってはうれしいことですね、あれは忘れてはいけませんから。

志村 それでね、「自分たちはいつも人に助けられているマイノリティだ。助けてもらう人の気持ちはわかる、その境目も。だからこそ、この被災でも何か自分たちができることがあるはずだ」って。

伊達 もっともっといろんな方に旅行に来てもらって、感じてほしいですね。

志村　宿に泊まった夜更けのことですが、「志村さん、聞こえる?」ってスタッフが言うんです。私には聞き取れなかったんですけど、「重機の音がずっと続いているでしょ」って。よく耳を澄ませてたら、そのうち私にも聞こえてきました。すると彼女が「この音は朝から晩まで続いていたんだよ。誰かが復興に向けてずーっと動かしているんだよ。すごいよね」って。

伊達　我々には聞こえない、気づかないいんですよね。

志村　ホントに意識しないと聞こえない音でした。

富澤　誰かが重機のスイッチを切り忘れて、1日中、音がしてた……というワケではない!?

伊達　知るか!

※1　完全に光を閉ざした〝純度100%の暗闇〟のなかで数人がチームとなり、視覚以外の感覚を研ぎ澄ましながら、日常の様々なシーンを体験し、対話を楽しむソーシャルエンターテインメント。専門の視覚障がい者がアテンドとなり、暗闇の世界を案内する。

※2　子育ての負担を母親のみに負わせることなく、社会全体でサポートしていくことを目的として活動を続ける会。現代の子どもを取り巻く社会的環境の問題を考える機会を提供している。

放送後記

伊達　ダイアログ・イン・ザ・ダークには、嫁も娘も行きましたからね。あんな真っ暗にできるのかってくらい、目を閉じるより真っ暗でしたよ。まったく知らなかった世界を教えてくれましたね。

富澤　僕もいろんな人におすすめしました。スポーツ選手とか、みんな行ったほうがいいですよ。夫婦とかもいいですよ、コミュニケーションをとらないと何もできないから。

伊達　あそこでは、人見知りとか言ってらんないからね。

生田よしかつ　マグロ仲卸「鈴与」3代目理事

東北の、日本の漁業復活のカギとは？

2016年12月放送

いくた・よしかつ／高校卒業後、家業であるマグロ仲卸「鈴与」の3代目に。魚食の普及、魚河岸《うおがし》文化の伝承などにも力を注ぎ、一般社団法人「シーフードスマート」の代表理事を務める。2018年、鈴与の経営権譲渡に伴い、代表取締役は退任している。

魚がどんどん小さくなっている!?

伊達　生田さんは築地のマグロ仲卸3代目の社長さんで、ニッポン放送にはホンダ・カブでお越しくださりました。

富澤　声がべらんめーで、スタジオが市場と化していますが……。

伊達　そんな生田プロにね、まずは魚の見分け方、上手な買い方を教わろうかな、と。

生田　種類によって全然違うけど、一般的には「モチっとしたふっくら感」だね。だけど、切り身で売られていると素人さんにゃわからない。だから「季節の旬」と「その年の漁獲高」を目安にすればいいんだよ。魚っていうのは、安いときが一番うまいんだ。

伊達　「おいしいから高い」ではない？

生田　魚の値段は需給バランスで成り立っているから。旬のときはいっぱい獲《と》れるから安く、魚は日本近海にごはんを食べに来ているから脂《あぶら》がのっている。しかも、豊作の年はエサが多かったり海水温が快適だったりして、魚にとって生活しやすいわけだから、ストレスもなくておいしい。

伊達　その魚が獲れないといわれています。

生田　クロマグロを例にとると、まったく捕獲していなかった時代を100とすると、いまでは2・6になったといわれていますが……基本、獲れなくなったのは日本だけですよ！

伊達　世界的な現象ではないんだ。その原因は乱獲にあるんですか？

生田　いまでも夏場になると平気で産卵魚とか獲っちゃう。絶滅したら二度と生まれないんだよ。昭和初期にニシンを全滅させたことを懲《こ》りていないんだね、日本人は。

伊達　じゃあ、いま食べているニシンは日本産ではないの？

生田　ふたりは若いから知らないんだね。「やっぱり正月は数の子に限るわ、パリパリ」なんて食ってるけど、国産の数の子を食べた人はこのスタジオには誰もいない。俺だって数年前に初めて食べたよ。でも、次にヤバいのはホッケかな。

伊達　ホッケが姿を消す？

生田　40～50センチ大の干物が居酒屋を賑わしたころに比べて、漁獲高は75％減だからね。でね、ここからは生物の不思議なんだけど、大きくなると人間に獲られちゃうものだから、いまやホッケは成熟年齢が下がって、小さなままで大人になっているっていう……。

富澤　ホッケの小型化⁉　でも、魚の漁獲量は海水温の上昇の影響もあると？

生田　それはどっかの大学の先生に聞いてもらわんと（笑）。ただ、言えるのは、地球の温暖化を止めることより、乱獲を止めることのほうが簡単でしょ。漁師さんだって、本音のところでは小さい魚は獲りたくないんだよ。だけど、生活がかかっているから目をつぶっちゃうんだな。乱獲を彼らの責任にするのはおかしな話で。

伊達　国がちゃんと法律で規制してくれ、と。

生田　そう。漁業法が昭和24年制定のまま変わっていないんだから（2018年12月に約70年ぶりに改正）、そこからしておかしい。で、その漁業法は昭和初期の焼き直しで、昭和初期の漁業法は明治初期の焼き直し。

伊達　100年以上、誰もなんもしていない⁉

生田　さらに未来を考えるとだよ、築地や豊洲には毎日何人も外国人が来ている。それはすなわち、海外にもマーケットがあるわけで、彼らの国に輸出するという考えを持って、国も本腰を入れるべきなんだよ。今日も出がけに市場をのぞいてきたけど、寒流にいるマダラと暖流で泳ぐカツオがひとつの市場に新鮮な状態で並んでいる。そんな魚大国はないって。

漁業の復活は、資源管理から

伊達　生田さんが思う、東北漁業復活のカギはなんだと思いますか？

生田　それは「資源管理」と「漁港の仕組みの一新」！　日本だけだよ、漁業が儲《もう》かっていない国は。たとえばノルウェーだと、1年に2か月だけ天然のサバを追っかけるだけで、下っ端の漁師でさえ、日本では考えられないくらいもらっている。

伊達　信じられない話ですが、ホントなんですよね。それは資源管理のおかげだと。

生田　そうだよ。ノルウェー、カナダ、オーストラリア、アメリカ、アイスランド……みんな成功した。ま、日本と違ってそんなに魚を食べないから、政治家がリーダーシップをとって国民の理解を得られたんだけど。それで、最初は大反対した漁民がぼろ儲け。いまでは口を揃えて「自然管理が大切です」だって……どの口が言ってんだかな！

伊達　三陸沖はすごくいい漁場なんでしょ。

生田　世界の三大漁場っていわれているよね、ノルウェーとカナダの大西洋沖と三陸沖は。三陸復興やろうぜ！

伊達　生田さんが考える策とは？

生田　欧州にならって、いい魚しか獲らない資源管理！　ま、これやると最初は魚の値段が高くなり、漁師の収入も減る。だから、政策で補助金をつけてあげる。これを5年がんばれば、海は変わる。

伊達　福島第一原発のあたりでは、休漁してるからすごく大きな魚がバンバン釣れていますもんね。

富澤　ヒラメが座布団くらいの大きさだってね。

生田　だから5年間、完全休業やってみなって！　日本の海は変わるぜ。

港の「復旧」の、その先へ

富澤　なんで生田さん、政治家にならないんですか？

生田　だって俺、人望ないもん。

伊達　いやいや（笑）。生田さんに任せたいわ、三陸を。

生田　でも遅いかな、いまでは……。三陸の港は「復旧はした」けど、「復旧しかしていない」。

富澤　どういう意味ですか？

生田　それが二番目に大事な港の仕組みの話なんだけど、漁港をもっと絞ればよかったんだ。細かい漁港がいっぱいあるけど、あれは非常に効率が悪い。これしゃべっちゃうと、俺たち築地の仕事がなくなっちゃうんだけど……ノルウェーでは「いま、どこで何がどれくらい泳いでいるか」といった海のデータを公開して、商社はその時点で買いつけをすませてるんだよ。

伊達　まだ獲ってもいないうちに、ネットオークションしちゃう!?

生田　そう。それで、漁船同士がケンカをしないように、この日に出るのはAの船、翌日はBの船と、あらかじめ決められていて。もっとすごいのは、獲った魚は商社からリクエストを受けた港に直行するんだ。

富澤　流通に無駄がない。

伊達　政治主導による産業の活性化が、完璧にできているんだな。

生田　それにひきかえ日本は、狭い漁場でみんながケンカして、遅く着いた船はたいしたあがりも見込めない……。工夫すれば儲かるのにね。

伊達　なんで日本の政治家はそういうことしないのかな？　よく海外視察とかしているけど、大事なところは見ていないのか？

生田　見てるわけないよ〜。どーせ、カジノとかやってるだけだから……ま、それは冗談としても、水産は地味だから政治家のテーマにはなりにくいやね、目立たないんだよ。すぐＩＴとかＡＩにいきたがる。（豊洲市場移転の際の）小池知事だって、目立ったことしかしてないし……あ、余計なこと言った？

富澤 やっぱ、政治家に必要な人望がないのがわかってきました……。

生田 やっぱり、そうだよね〜。

伊達 僕らから宮城県の知事に話しておきます。

生田 じゃあ、これも言っておいてね。将来の日本は人口減少だけど、世界的には膨《ふく》らむ。そのときに起きるのは、食糧問題。農地には限界があっても、海は無制限さ。畑を耕して手間と時間のかかる作物に比べたらだよ、天然魚は漁獲という作業だけ。大きな網でヒョイ、原価なし、これでいただきますだよ。養殖なんてエサやって、水温とかに気を遣《つか》って、台風が来たら被害に遭《あ》って……それに比べりゃ天然魚はすべて勝手に育ってくれている、あいつらノーベル賞もんだよ。

伊達 そうか〜。でも、東北にはいくつか成功している港があるって聞きますけど。

生田 桃浦《もものうら》（※1）のことかな、仙台水産と組んだカキの養殖で成功したよね。ただね、逆に水産に関する特区申請でうまくいったのは、桃浦だけらしいよ。農業や林業はたくさん結果が出ているのに。

伊達 いかに水産は政策がないか、ということですね。

生田 マグロなんか3年我慢したら、魚体が大きくなって脂がのったのがバンバン食卓にあがるんだよ。メジマグロって、よくスーパーで特売しているでしょ。あれって本マグロの子どものことだからね。

伊達　え〜、ダメじゃん、獲ったら〜。

生田　そこが難しい、獲らなかったら俺たちマグロ屋は儲からないからねぇ……。

※1　漁業権を民間企業に開放する「水産業復興特区」に認定された宮城県石巻市の桃浦漁港では、仙台市の水産物専門商社「仙台水産」と共同出資して「桃浦かき生産者合同会社」を設立。民間の資本やノウハウを活用しながら、「桃浦かき」というブランドを確立していった。

放送後記

伊達　生田さんとはね、桜の時期にボートに乗って隅田川を散策しようって約束はしたんです。

富澤　でも、実際、スケジュールが合わなくてね。いつか実現したいよね。意外と船酔いするみたいだけど……。

自然界に頭を垂れて、「心豊かな暮らし」を見つめ直す

2014年6月放送

石田秀輝　地球村研究室代表

いしだ・ひでき／合同会社地球村研究室代表社員、東北大学名誉教授。株式会社ＩＮＡＸ（現株式会社LIXIL）取締役ＣＴＯ、東北大学大学院環境科学研究科教授などを経て、沖永良部島に移住し、「間抜け」の研究に着手。自然を賢く活かす新しいもの作り「ネイチャー・テクノロジー」を提唱している。

南国でエアコンのない家を作る

伊達　いただいた名刺からしてユニークですね。地球村研究室代表社員～間抜けの研究～東北大大学名誉教授……もっと不可思議なのは住所なんです、沖永良部島《おきのえらぶ》（※1）って！　今日はどこからお見えですか？

石田　沖永良部からやってきました。

富澤　いきなりで申し訳ありませんが……「ちょっと何言ってるかわからない！」

伊達　なんでまた沖永良部島なんですか？

石田　16年前に旅行したときにビビッときてしまったんです。あまりに酒がうまく、そして、あまりに現地の方の笑顔が美しくて。それ以来、年に3～4回、行くようになってしまったんです。そのうちに「君が大好きな夕陽がよく見えるジャングルを開墾したから、家でも建てれば？」と言われその気に……。

富澤　ジャングルをいただいた!?

石田　で、専門のネイチャー・テクノロジーを駆使して、エアコンなしでも快適な家を作ろうかな、と。

伊達　南国でエアコンなしの家!?

石田　昔はエアコンがありませんから、天然のもので代用していた。この地域ではサンゴの石垣を高く積み、サンゴに溜まる水を気化させて天然のクーラーにしていたし、石垣で太陽も遮《さえぎ》っていたんですね。ただ、そうすると家が暗くなる。そこで、太陽光がよく入る高気密高断熱の、エアコンが必要な本土仕様の家を〝輸入〟した。

伊達　日差しも入る涼しい家なんて、どうやったらできるんですか？

石田　島なので風はよく通るわけですから、天井を5メートルの高さにして、かつ風の向きをコントロールできるよう工夫する。床も壁も土で作れば湿気を吸収する。そしてもちろん、直射日光の当たる面を少なくする。しかも太陽光パネルを使っているので、電気代もほとんどかかりません。

富澤　それで涼しく快適な暮らしができると。

石田　ちょっとした我慢は必要かな（笑）。

限られたもので工夫して、心豊かに暮らす

富澤　そういう自然のテクノロジーを考えるのが、地球村研究室なんですね。

石田　そうです。そして、もっとその先にある「心豊かに暮らすというのはどういうことなのか」を研究する。「あなたは何もしなくていいです。スイッチひとつで洗濯、食事、掃除ができますよ」っていう、いまの便利は間違っていると思いませんか？　機械が全部やってくれる、完全介護型ライフスタイルは好きですか？

伊達　車だって、運転しなくていい時代が間もなくですよね。僕は運転したいですけど。

石田　利便性は上がっても、フラストレーションは高まるんです。ちょっとでも参加するだけで心は豊かになる。

富澤　「家庭菜園」とかでもいいんですか？

石田　最高じゃないですか！　家で作るキュウリは曲がったやつしかできない。しかも、原価は１本３００円くらいするかもしれない。でも、スーパーにある1本50円の直線形キュウリと、どちらを愛《いと》おしく感じるでしょうか？

伊達　確かにみんな作っていますよね。うちの親父もそうです。

石田　自分で触って、知恵を出して、手をかけると愛が生まれる。幸せになるんですよ。沖永良部島の我が家も、確かに暑い日もありますが、そんなときはみんなで工夫する。家のなかに水をまくとか。

伊達　ホントの「打ち水（ウチ水）」だ！　でも、土でできているから吸収されるんだ。

石田　そういうことを考えてワイワイガヤガヤやると、すごく豊かになる。沖永良部では当たり前のことなんですけどね。

伊達　いまの日本に失われたコミュニティが残っているんですね。

石田　そう。限られたもので心豊かに暮らす研究をするのに最適な場所なんです。それを、「昔はよかった」ではなく「これが一番オシャレで最先端なんですよ」って発表したい。これまでも「水のいらないお風呂」を作ったり……。

伊達　水のいらないお風呂!?　それはお風呂じゃないでしょ。

石田　「きれいになって」「温まれば」お風呂でしょ。震災のときは水が出ませんでしたよね。また、近いうちに水不足になるかもしれない。そうしたらお風呂、我慢できる？

二人　そりゃイヤですよ！

石田　だから、環境に負荷《ふか》をかけないで何ができるかを一生懸命考えるんです！　「水のいらないお風呂」っていう概念を見つけたら、自然界でそれをやっていないか探してみる。

伊達　それがネイチャー・テクノロジー!?

石田　そうです。ニワトリは砂で体を清めている。カラスやキツツキはアリを使って体についたダニなどを除去してもらっているそうです。ゾウやブタは泥風呂です。どれがいいですか？

富澤　アリはイヤだな〜。

石田　それでいきついたのが「泡」なんです。カマキリなんかはサナギを泡で包んでいますが、あれは温度を一定に保つためなんです。魚のなかには自ら噴出した泡に卵をくっつけて、安全に孵化《ふか》させているものもいます。

伊達　俺たちより賢いじゃん。

富澤　でも、あいつらは漫才できないと思うけどね。で、実際の泡風呂の原理はどのようなものなんですか？

石田　泡って空気ですよね。それを70℃くらいにして体を温める。泡がはじけるときに出す超音波で汚れを取ってくれるし、その汚れは表面張力によって泡につくから体に戻らない。太陽エネルギーとありふれた元素だけで完璧な循環をやっている自然界に、頭《こうべ》を垂れて見直してみるんです。

伊達　すごく楽しそうな研究ですね。

石田　本来、楽しくなければいけないんです。工学だろうが経済学だろうが、すべての学問は人を豊かにさせるためのものですから。

震災から学んだことを進化させたい

伊達　震災のときも仙台のご家族と学生の無事を確認後、すぐに活動を始められたとか。

石田　大学の研究室のなかに電気に頼らないシステムを作っていたので、その研究室を拠点に「太陽光パネルと電池のセット」を作っていろいろなところへ持っていって、情報無線の配備に努めました。

伊達　ありがたがられたでしょうね。

石田　ええ。そして、その活動が一段落してから1年近くの間、各避難所をまわりました。明るい避難所とそうでない避難所の違いも目の当たりにしましたよ。

伊達　農家さんが多い避難所は明るいって聞いたことがありました。

石田　実際、サラリーマンが多い避難所は暗いところが多かった。農家や漁村、山村の方々は自然に生かされていることを知っているので、限りある資源を工夫する術《すべ》を駆使していましたね。フキのみそ漬けとかも出てくるんですよ。

伊達　自分たちで採ってきて作っているんだぁ。配給のおにぎりだけだと滅入《めい》りますもんね。

石田　3キロ先の水場から散乱していたパイプをつなぎ、大量の水を引き入れて「飲料水」や「食器洗い所」に振り分けるなど、自活もしていてね。

富澤　父ちゃん母ちゃんの時代は当たり前だったんだけど、俺らは生活力ないもんなぁ……。

石田　だから、「なんでも自動」ではない、「ハーフメイド」仕様製品のライフスタイルをこれからは創りたい。その手段がネイチャー・テクノロジーなんです。天然のエアコンの話をしましたが、あの土のエアコンだって、サバンナのアリ塚から発見したことなんです。

伊達　サバンナってやっぱり暑いんですよね。

石田　でも、サバンナのアリ塚の内部は一定の気温に保たれているんです。小さな穴があいていて、風通しがよくなっている。土蔵だって涼しいですよね。

伊達　すげえな、土。

石田　土を活かす、なんていうのは自分でもできることなんですけどね。本来、人ってネジがあったら緩《ゆる》めたい、フタがあったら……?

伊達　開けたい。

石田　路地があったら……?

伊達　入りたい。

石田　だから、キャッチのオネエさんはそういうところにいるんでしょうね。

富澤　こんなところで笑いとってどうすんですか（笑）。でも、いろいろお話ししてくださいましたが、とにかく一番言いたいことってなんですか？

石田　やはり全自動で何もしない社会って豊かですか？　楽しいですか？　ってことですよね。なんでもロボットがやってくれる社会のいきつく先は、それがうまく機能しないときに生じるクレームだらけの世のなかですよ。

伊達　だからといって震災時に戻りたいとは思わないけど、当時は不思議な連帯感もありましたよね。

石田　一瞬にして何もない状態になって、工夫やコミュニケーションが生まれましたよね。知らなかった隣人と交替で水をもらいに行ったり。それをシェアしたことで笑顔が生まれました。あの大震災で学んだことを過去形にしない、もっと素敵な格好に進化させたいんです。

伊達　僕らはあっという間に先進国に仲間入りしたけど、それによって失ったものも大きいということが改めてわかりました。

石田　マルコポーロの時代、西洋から黄金のジパングと崇《あが》められたのはけっして物質が豊かだったからではなく、人の心が豊かだったからで、私はその時代を再現したいんです。

富澤　じゃあ東北へ帰ってきてくださいよ。

石田　もちろん、帰ります。でもその処方箋が見つかるまでもうしばらくお待ちください。帰るときはお土産が必要でしょ。

※1　奄美群島の南西部にある、鹿児島県大島郡に属す島。九州本島から南へ552キロ、沖縄本島から北へ60キロに位置する。

放送後記

伊達　泡のお風呂は覚えてるなぁ。娘とお風呂に入るとき、泡の入浴剤を使うと思い出しますもん。大学の教授って、こんなヘンな人ばっかりなんですかね？

富澤　なんか、このころのゲストって、アメコミのヒーローが集結する「アベンジャーズ」みたいですよね。ヘンな人たちのアベンジャーズ。おもしろい出会いだったなぁ。

竹内順平　梅干し応援研究家

梅干しの魅力を伝え、梅干しの可能性を追求する

2018年6月放送

たけうち・じゅんぺい／2014年にBambooCutを設立（2016年に株式会社化）。展示会「にっぽんの梅干し展」をはじめ、「立ち喰い梅干し屋」や「お茶メでポップなUMECha Shop!」など様々な企画を生み出し、梅干しの魅力を伝えている。東京ソラマチに「立ち喰い梅干し屋」の実店舗をオープン予定。

父はあの有名落語家

伊達　久々にわずかなヒントでゲストが何者かを当てるガチ企画から始めますが、まずはお名前を。

竹内　竹内順平です。

富澤　安そうなシャツを着てますね。今日はお金に困って来たの？

伊達　確かにフリーターっぽい雰囲気ですが、好青年ですよ。何かヒントをください。

竹内　私は2015年におふたりと気仙沼で会いました。車の運転手を務め、サンドさんたちを案内しま

したが、見覚えはありませんか？

富澤 だって運転してたんでしょ。後頭部になら見覚えがありますが（笑）。

伊達 気仙沼？

竹内 親父もサンドさんのことをよく知っています。ライブも何回か行っているそうですよ。

二人 竹内さん？

竹内 竹内さんであって、竹内さんではないような……。

伊達 普段は「竹内さん」とは呼ばれていないというわけか。

竹内 もうひとつヒント、「さんま寄席」。

二人 ほうほう。

富澤 あれ、ひょっとして……。

竹内 答えは「立川志の輔の息子」です。

二人 いやいやいや〜！

伊達 僕ら、師匠にはホント、お世話になってます。毎晩、志の輔さんの落語を聴きながら寝ているんですよ〜。

富澤 お金に困ってるみたいな言い方して、申し訳ない。

竹内 それほど困ってはいませんよ（笑）。

伊達　ここでようやく台本がきましたよ。梅干し応援研究家・竹内順平さん28歳（当時）、300種類の梅干しを食べ比べ、梅干しに関するプロデューサーとして活躍中です。

一度は落語家を志しながらも、梅干しの道へ

富澤　「梅干し応援研究家」ということですが、どうして梅干しなの？

竹内　梅干しって日本を代表する国民食といわれていますが、こと我が家に限ってはその歴史がないんです、おばあちゃんも両親も作っていませんでした。そこで、逆に「国民食」のいわれを調べ始めたんですね。

伊達　で、どうですか？

竹内　飽きないですね、この食材は。日本人は梅干しが「好き」か「嫌い」かしかなく、「無関心」という回答が少ないんです。

富澤　親父さんの反応はいかがでした？

竹内　最初の仕事がデパートの催事「にっぽんの梅干し展」という企画だったんですが、父と糸井重里さんが「そりゃいい！」って言ってくれたんですよね。

富澤　日本でこのふたりが「いい！」と言ったら、いいんです！　安心です。

伊達　糸井重里さんとも交流が深いんですね。

竹内　実は、父に落語家志願を伝えたのですが「ちょっと違うぞ」と否定され、紹介されたのが糸井さんで。そこから面接を受けて、糸井さんの会社に入社したんです。

富澤　志の輔師匠の頼みじゃ断れないですわな。

竹内　糸井さんの会社には2年間お世話になったのですが、そのころに始まったのが「気仙沼さんま寄席」（※1）でした。

伊達　糸井さんの東北復興のアイデアはすばらしいものばかりですもんね。さんま寄席だって、東北に全国から落語を観るお客さんを連れてきて、地元の消費につなげようというもので。

竹内　サンドさんの運転手を務めたのは、第3回のとき。ちょうど梅干し事業も本格的にやろうか、というころでしたね。

立ち喰い梅干しに2時間待ち？

富澤　300種類の梅干しを食べ比べたそうですが、梅干しって、そんなに種類があるんですか？

竹内　種類はそれほどありませんが、漬け方などの組み合わせで、いくらでもバリエーションができるんです。

伊達　やはり紀州が一番ですか？

竹内　一概にそうとは言えませんね。甘い系だと合いますが、しょっぱい系なら小田原の「十郎梅」（※2）とか。

富澤　ハチミツは邪道ですか？

竹内　まったくそうは思いません。ごはん離れが進むにつれて、梅干し離れも起きています。そこでハチミツ漬けが登場し、梅干しそのものが見直されるきっかけにもなりましたよね。ただ、いろんな種類を食べれば食べるほど、あのガツーンとした、汗が出てくるようなしょっぱい味に戻ってきますね。

富澤　最近は梅干しも高級志向になっていますよね。「えっ、こんなに高いの!?」というものもあります。

竹内　はい。だからこそ、期間限定の「立ち喰い梅干し屋」が人気を集めています。ハチミツ漬けやすっぱい系、さらには燻製《くんせい》梅、キムチ梅といった梅干しと、お茶の組み合わせを楽しんでいただくというものです。

伊達　それが人気なの？

竹内　2時間待ちとかですよ。

伊達　え～!?　どのタイミングで梅干しを食べるんだろうな。

竹内　お客さんに「どんな味がお好きですか？」とうかがうと、100％躊躇《ちゅうちょ》されます。意外とわかんないんですよね。そこで梅をひとつ選んでいただいて、それに合ったお茶をお出ししています。

伊達　迷っちゃうんだよね、きっと。

富澤　梅干しの世界に飛び込んで、「グッドデザイン賞」を受賞したそうですが、なんで梅干しがグッドなデザインに!?　ちょっと何言ってるかわからないです。

伊達　商品名が「備え梅」。まさかのときの梅干しを部屋に飾っておける、斬新なアイデアだということですが……。

災害に備えて「置いておきたくなる」梅干しを

竹内　見ていただこうと持ってきました。これ、防災用品なんですよ。

伊達　あら、かっこいい！　ホント、オシャレだ！　巾着《きんちゃく》に入っているんですね。誕生のきっかけは？

竹内　東日本大震災のときは、糸井さんのお手伝いをしただけでした。熊本の震災でも何かしたかったのですが、素人の僕が現地に行ったところでありがた迷惑なだけなのも知っていたので、どうすればいいのか悩んでいたんです。

伊達　梅干しを送るのは、梅干し業者の仕事ですもんね。竹内さんはメーカーではないし。

竹内　そんなときに、歯を磨けない熊本の子どもたちが、よだれが出なくなって病気になったという事例が数多く発生したことを知りました。

富澤　よだれが出れば細菌を壊す。そっか、それで梅干しがあればと。

竹内　昔はどの家にも梅干しの壺があったんですけど、いまはない。じゃあ備えてもらう仕組みを作ろうと、防災用品コーナーをのぞいてみたんです。だけど、部屋に常備するものなのに、置いておきたくないデザインばかりで。そこで、「家に置いておきたい」「人にもあげられる」「おいしくてひとときでも楽しい気分を味わえる」ものを追究したら、こうなりました。

伊達 これ、見ているだけでよだれが出る、「ザ・梅干し」って感じですね。

富澤 （ひとくち食べて）しょっぱーい！

伊達 シソもたくさん入ってる！ これ、ごはんが食べたくなりますね。

竹内 災害時にパン食が多くなると、体の塩分濃度が下がってくるそうで、逆に高血圧になったり、精神的に不安定になったりするんですって。

伊達 クエン酸も含まれているし、昔ながらの食材って知恵があってすごいよね。

竹内 理由があって残っているんでしょうね。

富澤 人に差し上げたくなるのもよくわかるわ～。

伊達 そうだよ、うちらのライブでも売ろう！

竹内 えっ、そんなことできるんですか？

伊達 絶対売れるよ（※3）。東京駅で売ってもいいね。

富澤 空港でも人気出るよ。

伊達 マラソンなどにも、「備え梅」。

富澤　なんか俺たち、キャッチコピーを考える集団と化してないか？

竹内　後ろに糸井重里さんが見えているんじゃないですか？

※1　糸井重里が主宰する「ほぼ日刊イトイ新聞」が企画した、立川志の輔による落語会。震災後、東京の「目黒のさんま祭り」に宮城県気仙沼市からさんまを提供する費用を賄うため、2012年に第1回が気仙沼で行われた。第3回には、サンドウィッチマンも出演。

※2　小田原の曽我《そが》梅林を代表する銘梅。

※3　実際にツアーグッズとして、「備え梅 サンドウィッチマンver.」が各ライブ会場で販売された。

放送後記

伊達　備え梅はツアーのグッズにさせてもらって、各地で完売ですからね。志の輔師匠と仲よくなるために、まずは順平さんと仲よくなりたいですね。

富澤　我々の単独ライブのときには、いつも師匠から「富山の鱒寿司」の差し入れをいただくんです。それもお弁当屋さんができるくらいの、ものすごい数！

二人　この場を借りて改めて御礼申し上げます。

伊沢正名　糞土師

自然界の循環にならい、野糞の道を究める？

2015年9月放送

いざわ・まさな／キノコやコケなどの写真家として活動しながら、1974年に野糞を始め、1990年には独自の方法を確立。2006年に写真家をやめ、以降「糞土師（ふんどし）」を名乗り、各地で講演を行う。著書に『ウンコロジー入門』など。2020年夏に野糞1万5000回を達成予定。

便座を使ったのは41年で2回だけ

富澤　今日の収録、僕の手元に台本がないんですけど……。

伊達　ここでクイズを出題するからです。本日のゲスト・伊沢さんですが、現在は写真家を引退してある道を究《きわ》めようとしています。果たしてなんの道でしょうか？　ヒントはキノコやコケを撮影するときにどこでどんな動作をしているか。正解は、漢字で2文字、ひらがなで3文字です。

富澤　ヨガ？　低い姿勢で屈伸したりするから……えっ、まったくわからない。

伊達 では、正解をどうぞ。

伊沢 「野糞《のぐそ》」の道を究めようとしています。

富澤 えっ!? ちょっと待ってくださいね、「そんなバカな」という言葉しか……。

伊達 伊沢さんの本によると、1974年の1月1日から開始して、41年間、非常事態で2回ほど便座を使ったものの……。

富澤 「非常事態」の意味が逆じゃないですか！ 非常事態で野糞なら納得できますが。

伊達 非常事態だからこそ便座を使うんです！

富澤 なんなんですか、この人……。

伊沢 説明させていただきますね。ウンコってカスだと思っていますよね。でも、ほかの生き物にとってみれば貴重な栄養なんです。私はキノコの写真家をやっていましたが、実に多くの種類が動物のフンに生えているのも、この目で見てきました。

富澤 なんでなんで？ 場所はどちらで？ どこにお住まい？

伊沢 茨城の農村部に住んでいます。そして、主に家のまわりで。

伊達 自宅にはトイレがないんですか？

伊沢 ありますよ。でも、トイレにはおしっこしかしません。田舎なのでいわゆる〝汲《く》み取り式〟なんですが、あるとき、バキュームカーの人から「あれ！　ウンコがない！」とびっくりされたので、そのときは事情を説明しました。

富澤　おしっこも外ですればいいじゃないですか！

伊沢　人の尿は濃すぎて、植物は枯れてしまいます。10〜20倍に薄めれば、いい肥料になるんですが。

伊達　今日ね、伊沢さんはカバンのなかにその自分の……。

富澤　（本気でウンコだと思って）えっ、持ってきてるんですか、マジですか⁉

伊沢　処理するキットです。私はこれを「野糞3点セット」と呼んでいます。

伊達　「三種の神器」みたいですね、あっ、スコップ、そしてボトルが出てきたぞ。

伊沢　放置するから汚らしいんですよ。スコップで穴を掘り、埋めればいいんです。ボトルの水はウォシュレット代わり。それと葉っぱですね。

伊達　これで拭くんですよね、本に書いてあった。

富澤　ちょっと待って！　さっきから気になってるんだけど、「本、本」って言ってるけど、なんの本？

伊達　伊沢さんが書いた野糞についての本だよ！「35年間、私はトイレに座ったことがない」だって。

富澤　「吾輩は猫である」みたいだな。で、その葉っぱはどういうものなんですか？

伊沢　これはヨモギの葉っぱ。触ってみてください。非常に尻触りがいいんです。

富澤　尻触り!?　これは……未使用のものですよね？
伊達　当たり前だろ。で、こちらの裏が白い葉っぱは？
伊沢　これはギンドロの葉っぱ。「チリ紙の葉っぱ」と言っていいくらいすばらしいでしょ。
伊達　野糞の権威とお呼びしても過言ではないですよ！
富澤　意味がわからない！
伊沢　最近では糞土師《ふんどし》と名のっています。

野糞は新しい命につながる

富澤　なぜ伊沢さんが野糞にこだわるようになったのか、根本的に知りたいです。
伊沢　もちろん、キノコ（菌類）の働きを知ったことからですが、もうひとつは、近くで「し尿処理場」を作る計画があったことが発端ですね。
伊達　地元で反対運動が起こった？
伊沢　そうです。反対する気持ちはわかるけど、自分で出しておいて処理はイヤだというのは、エゴではないかと思いました。なので、みんながイヤがる「し尿処理場」のお世話にならないようにするには……。
伊達　野糞。

伊沢　そうです。元来、我々は生き物を食べている、すなわち、ほかの命を奪って生きている。食物連鎖を考えたとき、動物世界のてっぺんにいるライオンでさえ、死骸でもウンコでもほかの生き物が食べて循環していますよね。もし、ウンコをちゃんと自然界に戻せば、新しい命につながります。葉っぱの立場から光合成を考えてみましょう。葉っぱは二酸化炭素（CO_2）を取り入れますが、食べるのは炭素（C）だけですよね。それで残った酸素（O_2）を放出する。だから、酸素は植物のウンコで、人間は植物のウンコを食べているんです。

富澤　妙に説得力があるな〜。

伊沢　日本でも、昭和30年ごろまでは肥料として還元できていましたが、いまはどのような処理をされているのかご存じですか？

伊達　水に溶かしているとか？

伊沢　途中は、はしょりますが、最後は重油をたくさん使って燃やしています。そして、燃やした灰はセメント原料の一部に使われています。建築資材に使われているとはいえ、元は食べ物ですよね。日本人の年間脱糞量は１０００万トン、それに対してコメの年間生産量は８００万トン。

二人　えっ、コメより多い!?

伊沢　食べ物の残りかすを食べ物に還元すれば、食糧問題、環境問題は解決するんです。でも、ウンコをコンクリートに変えてしまっては、いずれ食べ物はなくなりますよ。我々の最先端の科学は、こういうことに使うべきです。

伊達　でも、日本国民全員が野糞をすること自体、物理的には不可能でしょう？

伊沢　そういう批判は実際にあります。そこで、数値的に検証してみました。野糞をするにあたり、1回の面積で必要なのはおよそ50センチ四方です。そのウンコは1年で自然にかえります。したがって、ひとりあたり50センチ四方×３６５日を用意して、順繰りにすればいいわけで、多めにみておよそ1アールとなります。日本国民を1億２０００万人とすると、1億２０００万アールですが、これは１１０キロ四方の面積に相当します。この面積は日本国内の林の20分の1です。なので、理論上は問題ありません。

災害時のトイレ問題も解決？

伊沢　東日本大震災時のトイレ問題は覚えていますよね。あのときも土地があれば、解決していたんです。実際、トイレ問題を解決しようとボランティアを申し出たんですが……。

伊達　震災で大変な地域に、「野糞の仕方の講習会をします」と？

伊沢　松島市に手紙を出しました。

伊達　で？

伊沢　返事がこなかったんですよ〜。

伊達　それどころじゃなかったんでしょうね（笑）。

伊沢　でも、根源的な問題じゃないですか。だからいま、また新たな本を執筆中です。

富澤　いったい誰が買うんですか、売れないと思うな〜。

伊沢　各自治体に購入してもらえば、いざというときに使えると思いますけどね。

富澤　まさか伊沢さんは、非常食代わりにウンコを食べたりは……しませんよね？

伊沢　食べはしませんが味見はします。

二人　……。

伊沢　もちろん数か月間、土のなかに埋めて菌類に分解してもらったものですよ。分解が終わるとにおいはいっさいなくなり、コクと甘味があっておいしい。吐き出すのがもったいないくらい。昔の農家の方は肥料として熟成したかどうか、味見していたそうですよ。

ティッシュは「環境にやさしい」か？

伊達　ところで、持ち歩いている葉っぱを使いきったらどうするんですか？

伊沢　もちろん探します、名前なんか知らなくたっていいんです。うるしはかぶれて危ないといわれていますが、枯葉になれば活性が失われるから大丈夫。フキだって、その名前の由来は「お尻を拭く」から「フキ」なんですよ（他説あり）。

二人　え～っ⁉

伊沢　葉っぱ以外だと、キノコね。

富澤　ボロボロ崩れてきませんか？

伊沢　枯れたノウタケの軸の部分は緻密なスポンジのようで、パフよりも柔らかい。何度も洗って使いたいくらいです。

富澤　冬なんか大変でしょ。葉っぱは減るし、雪も降るし。

伊沢　雪玉もいいですよ。

伊達　雪玉？　長時間、肛門に刺激を与えたらおかしなことになりませんか？

伊沢　確かに体にはよくありません、そこで、雪をまんまるにしないで、雪と肌の接地面を少なくする。すなわち、三角おにぎりのような雪の塊《かたまり》を作れば、ほら、先端でヒョイヒョイって。

富澤　なんだかな～。ヒョイヒョイって……（笑）。

伊達　でも、ティッシュでもね、最近は水に溶けるとか、「環境にやさしい」をうたい文句にしているものがあるじゃないですか。

伊沢　水に溶けてバラけるのと、分解されて自然界に戻るのとは、まるで違いますよね。バラけるだけじゃダメなんです。
伊達　確かに、ティッシュは完全に分解されるのに時間がかかりそうですね。森のなかでも、白い色のまま落っこちているのを見ますもん。
伊沢　あとね、ティッシュを作るのに何やっていると思います？
伊達　木を切って、漉《こ》して……。
伊沢　木を伐採して製紙工場まで運ぶ。そして、硬い木を柔らかな紙にするためにどれくらいのエネルギーと化学物質を使っているか。突き詰めるところ自然破壊をしているわけで、それなら葉っぱのほうがいいです。
富澤　日本の都道府県は全部野糞しましたか？
伊沢　佐賀県だけはまだです。なので、特に佐賀県には講演会で呼ばれたいと思っています。
伊達　講演会に人は来るんですか？
伊沢　全国に１４０〜１５０名の会員がいます。
伊達　そんなにいるの!?　みんな毎日野糞しているわけ？
伊沢　全員がどうなのかはわかりませんが、講習会では多くの人が実地にチャレンジしますよ。

伊達　えーっ⁉　女性も？

伊沢　やります、やります。若い方もいますよ。概して女性のほうが積極的ですし、物怖《お》じしません。そうでなかったら子孫を残すことはできないんじゃないんですか。命に対する覚悟が違います、女性のほうが生命力が強いんだってよくわかります。若い男性が一番ダメ！　根性ない！

放送後記

富澤　この人は「東北魂アベンジャーズ」入りですね。変わった人だったなぁ。（野糞がテーマのため）どこかの局では放送できなかったらしいんですよね。本当の緊急事態にはこういう知識も必要だし、せめて話は聞いてあげてほしかったな。

伊達　インパクトでいうと、いろんなゲストのなかでもトップクラスですよね。これでふざけてなくて、本当にマジメに野糞してるわけだからな～。

Chapter4 忘れない

加藤徳次郎　ヤトミ製材社長

「奇跡の一本松」を復活させた、前代未聞のプロジェクト

2019年4月放送

かとう・とくじろう／針葉樹、広葉樹、堅木《かたぎ》、大径木《だいけいぼく》などの製材を行う、愛知県の企業「株式会社ヤトミ製材」社長。2012年、復興のシンボル「奇跡の一本松」の複元に参加。現在も文化財保存事業を請け負っており、神社の御神木の保存作業などに従事している。

街の製材工場が、極秘プロジェクトに参加？

伊達　今日のゲストは、陸前高田にある復興のシンボル「奇跡の一本松」の修復に努めた製材工場の社長さんです。

富澤　「社長」と言われても、競馬場で昼からクダ巻いているおっさんにしか見えないんですけど。

加藤　社員に黙って来ちゃいました～。「僕、明日、会社サボるから～」って。

富澤　とぼけた社長さん！　愛知からお見えなんですね。なぜ愛知の会社なんですかね？

加藤　あの仕事を引き受ける人がいなかったからですよ～。

伊達　宮城や岩手など、地元企業にはお願いしなかったんですかね。

加藤　枯れた立木をそのままの形で再生させるなんて、前例がなければ技術もない、やり方もわからない。これじゃ誰もやりたがらないですよね。私が請け負ったのは丸太に穴をあける工程でしたが、できるところは北海道から沖縄を探して1軒もなかった。ついには、韓国の企業にも聞いてまわっていたそうです。

伊達　もともと加藤さんのところはどんな会社なんですか？

加藤　だから、た、だ、の、製材工場の親父ですって！

富澤　えーっ!?

加藤　ただ、昔から特殊な加工を頼まれればやっていた。狭い業界ですから、「加藤さんのところならなんとかなるんじゃねぇ？」みたいにまわりまわって、うちにね。

富澤　そもそもあの木は「枯れた＝死んでしまった」わけですか？　基本、元には戻らないものだった？

加藤　不可能ですよ。私が見たときには、もう枯れて死んでいました。木って枯れると腐るし虫に喰われるんです。あの木も、根元には食い散らかされた無数の粉が落ちていました。こうなるといつ倒れてもおかしくない。

富澤　スペシャリストが見れば、すぐわかるんだ。

加藤　奈良の大仏みたいに祠《ほこら》を立てて納めちゃうとか、ワイヤーで多方向から引っ張っちゃうならまだしも、市からの希望は「いまの姿のままで」でした。そこで計画されたのが、中心に芯棒を差し込んで支え、皮の部分はもとの木を使う、という案。

伊達　そんな難しい技術、なんで加藤さんは手を挙げたんですか？

加藤　実を言うとね……静岡の取引先から電話がきたんだけど、そのときフォークリフトに乗ってて忙しかったものだから、「わかった、わかった、やります、ハイ、ハイ、そんじゃ」って。

富澤　中身を知らないままにテキトーに返事したんだ!?

加藤　そしたら翌日ですよ、仙台からふたり飛んできて、「丸太に穴をあけられるんですか？」「機械はあるんですか？」って聞いてくるから、「いや、あけられないよ～」「そんなもん、ないよ～」って話してね。ただ、理屈ではわかっていた。お祭りの山車《だし》ってあるでしょ。あの車輪に穴をあけた経験の原理を応用すれば、できないことはないかなと。そこまでしゃべって初めて、「実は、奇跡の一本松の件でうかがいました」って言われた。

伊達　すべて水面下で動いていた完全な極秘プロジェクトだったんですね。

加藤　それで、くり抜く相手は枯れた木だと。

伊達　原理はつかんでいても現実には難しい。しかも枯れた木では……。

加藤　なのに、1週間くらいしたら正式発注の電話がきてしまって。思わず「どうして?」って言っちゃいましたよ。だって、うちには機械もないし、そんなことは大企業がやるものだと思っていましたから。

伊達　担当者がよく決断しましたよね、口からでまかせのおっさんの話を。

加藤　会議の席で、その担当者が大勢の役員の前で言ったんですって、「ヤトミ製材には機械もない、保証もない。でもあの人だったらやると思います!」って。

富澤　俺が担当者だったら、「彼には無理だと思います!」って言うけどな(笑)。

奇跡の一本松と交わした約束

加藤　僕も受けたはいいけど、「どうしたらいいものか?」と思っていました。「東北復興のために何かはしたい!」という強い意志はありましたが、経営者としてはこんなリスクの高い仕事は受けちゃいけないんですよ。

伊達　ご家族には相談しましたか?

加藤　しましたよ～。あ、親父には黙ってました、絶対に反対されるのはわかっていたんで。失敗したら会社つぶれちゃうもん。実際は、まるで勝ち目がない負け戦《いくさ》。だから、家族にも従業員にも全部説明して頭を下げて言いました。「勝てない試合に挑むんだけど……それでもやらせてください」って。

伊達　それって、やはり職人魂？

加藤　バカだったから。単なるバカだからですよ。

富澤　家族は？

加藤　無言でしたね。でも、反抗期だった中学生の長男が立ち上がって、ぼそっと、「お父さん、がんばって」って言ってね。

伊達　それは励《はげ》みになりましたよね。で、加藤さんは実際に木を見に行ったんですよね。

加藤　その前に機械屋さんに行かなければいけない。特注の機械ですよ、新聞広告の裏に設計図を描いてさ。

伊達　アバウトですね～。

加藤　でもそうやって、機械屋さんと試行錯誤を繰り返せばでき上がるんですよ。

伊達　よくその機械屋さんも、未知の装置を作ってくれましたね。

加藤　若い技術者でしたが、がんばってくれました。若いからできたんじゃないかな。でもね……マスコミのバッシング、これが堪《こた》えた！

がれきの処理もままならなかった２０１１年夏、生活最優先のなか、「奇跡の一本松」を遺《のこ》すプロジェクトはあとまわしにされようとしていた。また、水面下のはずのプロジェクトはなぜかメディアに漏れてしまい、ヤトミ製材にも取材陣が押し寄せたという。さらには、工場に匿名《とくめい》の電話がかかってくるような事態に……。

加藤　毎晩、悪夢しか見ないんですよ。加工に失敗する夢ばかりで、起きたら脂汗《あぶら》。それで、こんなことで悩むより、現場を見れば何かつかめるんじゃないかと思ってね。

伊達　それで、初めて陸前高田に行ったんですね。

加藤　まず地元の声を聞いてみようとスナックに寄ったんですが、そのママからは「あんなもんに金かけるなら、私に200万くれ」と言われまして……。複雑な気持ちを残したまま、未明に現場を訪れたのですが、海辺で朝靄《もや》のなかにそびえ立つあの木の美しさを見たとき、絶対に蘇《よみがえ》らせてみせるって、木と約束を交わしました。よく木には精霊が宿るといいますが、枯れている木にもかかわらず、あの木は違いました。

富澤　残るべくして残った、そんな木だと。

伊達　たまたま建物で波が弱まったとか、偶然が重なった、とかではなかった？

加藤　7万本の松林で、6万9999本が流されたんですよ。そのなかで、あの一本は、生半可な銘木ではなかった！　生き残ったのは必然、それは僕ら業者が見ればわかります。生命力が違いました。また、被災地をまわると、子どもたちが描いた一本松の絵とかもあってね、あの木の価値を再認識して帰ってきました。これで「やるしかない、ちっぽけな反対意見などどうでもいい」と、ふっきれました。不思議なもので、翌日からは悪夢は見なくなりました。ま、それでも睡眠不足は続きましたけどね。

効率や理屈を超えた、職人魂

伊達　睡眠不足はどれくらい続いたんですか？

加藤　この加工に費やしたのは90日間。工場内に木を入れてね、昼も夜もぶっ通しで作業場に泊まり込み。朝昼晩の感覚もまったくなかったです。

伊達　再生の仕方を改めて説明してくれますか。死んでいる木、つまり、止まっている心臓をもう一度動かすという意味ですか？

加藤　いえいえ、蘇ることはありません。名古屋に3つのブロックに分けた木を持ってきて、まずは僕が丸太に穴をあける。あけるといったって非常に複雑で精密な穴です。そして、別の業者がそれぞれ「防腐加工を施す」「芯棒を作り差し込む」「外皮をそっくりそのまま再度貼りつける」、そして「一本に立てる」。どれもが前代未聞の仕事です。骨も肉もないのに立たせ続けるんですから。

伊達　加藤さんの仕事で難しかったのは？

加藤　外側の皮を傷つけないことですかね。それに、木って内側ほど丈夫なんですが、その一番硬くて丈夫な部分をくり抜くことで、丸太がクシャっとつぶれる恐れがあった。でも、やはり勝因は、我々の技術に勝った〝あの木そのもの〟です。我々の過酷な手術に耐え抜いて耐え抜いて……。

伊達　納期はあったんですか？

加藤　ありましたよ～。我々の工程が最初ですからね。毎日、担当者が見張っていますし。当時のことはね、音と空気しか覚えていないんですよ。あまりにも大変すぎて苦労の記憶が飛んでしまっています。

富澤　じゃあ、達成感も半端じゃなかった？

加藤　廃人になっていました……「あしたのジョー」状態です。

伊達　この仕事をやり遂《と》げて、改めて思ったことはなんですか？

加藤　どの工程も前代未聞だったから、どの工程に携《たずさ》わる人もオンリーワンだった。「誰もやらんなら私がやる！　私が責任をとります」という気持ちだったんじゃないかな。点でつながっていたギリギリの作業でしたが、それに立ち向かった日本人も、まだ捨てたもんじゃないなって思いました。

富澤　リアル『下町ロケット』（※1）ですね。

加藤　それでね、あとで担当者が「こんな事業は不可能だから、加藤さんのところで失敗してもそれでいいと思っていた。加藤さんが失敗してくれたら、この苦しみから逃れられるって」って言ったんだよ。でも、結局はすべての職人がやり遂げた、職人魂ですね。

伊達　家族のみなさんはその後、どうでしたか？

加藤　親父は最初、ホントにあきれてたけど、目処《めど》が立ってきたら「コレ、うちがやっている仕事！」ってまわりに自慢し始めてね……。それと同時に、急に親戚が来るようになった。徳次郎がえらいもん引き受けた。失敗したらと思うと、怖くて近寄れんかったって。

富澤　息子さんは？

加藤　その後、「お前の言葉が励ましになった」としゃべったんですよ。

富澤　そしたら？

加藤　「フッ」でおしまい。そのひとことだけ。

富澤　ダメじゃ〜ん！

加藤　でも、大学を卒業して、この春、うちに就職しました。

伊達　ちゃんと親父の背中を見ていたわけですね！　感動的な話の数々に、素敵なオチまでつけてくださって……。これ、「ＮＨＫスペシャル」でやってくれないかなぁ〜。

富澤　そしたら出演します？

加藤　出ちゃおうかな〜。

※1　TBS系列で放送されたドラマ。倒産の危機にある下町の町工場で働く人々が、ロケットエンジンの部品開発に挑む姿を描く。

放送後記

伊達　番組では「アナタはだーれ、誰でしょね」と称して、俺たちがゲストの人となりをガチで当てるんだけど、この方だけは「製材業」というヒントだけでわかったよね。

富澤　編集要らずの瞬殺でしたからね。でも、この話はホント、映画にしてほしいよね。そういえば、自分役を役所広司さんにやってほしい、とか言っていたよな。トボけてんだよな〜！

林家たい平　落語家

夢を誓った東北を走り、みんなとハイタッチしたい

2017年5月～6月放送

はやしや・たいへい／武蔵野美術大学造形学部卒業後の1988年、林家こん平に入門。2000年、真打昇進。2004年より日本テレビ系列の長寿番組「笑点」に出演し、お茶の間の人気者に。2016年には「24時間テレビ」のチャリティーマラソンランナーも務めた。

いまでも毎日10キロ走るようにしてるんです

伊達　師匠といったら、マラソンですよ。24時間テレビのチャリティーランナーのときも応援させていただきました。

富澤　フルマラソンのベストタイムは?

林家　一度、東京マラソンに出ただけだから……そのときは5時間58分。

伊達　途中で足がつっちゃった大会でしたね。

林家　だから、いまでは毎日1時間、10キロ走るようにしているんですよ。
伊達　すごい！　外で走ってるんでしょ、気づかれません？
林家　ときどきね。通り過ぎる人が「あれっ、なんか見たことあるぞ。でもこの人は去年も24時間で走ってた。なんでいまも走ってるんだぁ？」って、頭トンチンカンになっちゃった顔してる。
伊達　でも、冷静になって気づいたときには……。
林家　そう、はるか遠くに行っちゃってるの。
伊達　僕らは走ったことがないのでわからないんですけど、「ランナーズハイ」ってあるんですか？
林家　経験したことないな〜。東京マラソンのときも、銀座を通り過ぎたときには疲れがピークに達していて、「銀座を走るときが一番気持ちいいよ」って聞いていたんだけど……いま、銀座を歩いていてもイヤな思い出しか残ってないわ。
富澤　本来は〝銀ブラ〟するところですもんね。
林家　走る場所じゃないよね、そもそも。

被災地でのマラソン大会にかける意気込み

富澤　（2017年）10月の第1回東北・みやぎ復興マラソン（※1）でも走られるとか。

林家　10月1日のみです！　俺をどれだけ走らせ続けるの!?

伊達　間寛平さんじゃないんだから。

林家　震災前、ここ（岩沼市〜亘理《わたり》町〜名取市）には9つの集落があったそうですが、居住困難地域に指定されちゃって、いまでは、ほとんどの方が引っ越しちゃっているんですね。だけどこの日は、同窓会みたいに集まってくださる、そして全国から来たランナーをねぎらってくれる、「オラの故郷へようこそ」ってね。走る人と応援する人がひとつになって、被災地を盛り上げよう！　ということなんだよね。

富澤　いい大会ですね！

伊達　ボランティアの人たちの盛り上がりが、すごいことになっているんですってね。この大会で初めて宮城を訪れる方にも知ってもらいたいと、現地では被災前の写真の展示もあるとか。

林家　9つのスペシャルエイドステーションがあるそうですが、「震災では全国の方にお世話になった。だからこの10月1日は、俺たちの力で全国のランナーを最後まで走らせるんだ」って。そのふれ合いを楽しみたいですね。

伊達　招待ランナーではなく一般参加だと聞きましたが、本名でエントリーされたわけですね。

林家　そう。というのも、いままでに二度走った「東京マラソン」と「24時間テレビ」は、まわりのサポートを受けてのランだったので、一度はたったひとりで走ってみたかったんだよね。

伊達　この日は僕らもゴール地点にいて、完走者とハイタッチすることになっているんですよ。

富澤　僕らは走りませんが……。

伊達　そして1歩も動きませんが……。

林家　でも、僕のところには駆け寄ってきてよ、フラフラなんだから。

伊達　制限時間6時間30分ですからね、油断しないでくださいね。

林家　僕はね、長い時間ギリギリまでかけて、できる限り沿道の人とハイタッチして走りたい。もし全員の人とハイタッチできたら、それが俺の記録。タイムは気にしていない。

富澤　でも、師匠、早く帰ってきてくださいよ。ゴールには30の市町村が赤字覚悟で出した屋台の、地産地消の海の幸、山の幸がお出迎え（※2）ですから！

林家　うわ〜。閖上《ゆりあげ》だったら赤貝だよね。

伊達　赤貝は残ってるかな？　食えるかな……あ、人数限定ですって。しょうがないですよ、いまじゃ採れたものがすべて築地に行ってしまうブランドですからね。

富澤　県内の市町村プラス福島、熊本も特別参加ですって。

林家　うわっ、それも知らなかった！

石巻LOVEの観光大使

伊達 師匠は石巻の観光大使でしたよね。

林家 そうですよ。

伊達 あれ!? 僕は住んでいたのに頼まれてないです（現在はサンドのふたりも就任）。

林家 あれ、すみませ～ん。じゃあ、伊達くんは全小学校が鼓笛隊を組んでパレードする、石巻の市民祭りは知っているよね？

伊達 はい。

林家 僕もパレードに参加したいって、市役所に言ったんですよ。観光大使だから！

伊達 協力的な観光大使ですね～。

林家 それが簡単に出られると思ったんだけどね、「申請書を出してください」って……。「参加する意図は？」とか、「パレードの形式は？」とか、「格好は？」とか答えなきゃいけなくて。

伊達 いい加減、「林家たい平なんだから出してよ」って思っちゃうところですよね。

林家 しょうがないから、FAXを何枚も送って、「座布団10枚クン」っていうへったくそなキャラクターも描いて。

伊達　座布団10枚クン!?

林家　自分で作ったキャラクターだよ！　イラスト書いてさ。もっとも後日、役所の方からお詫《わ》びの言葉をいただいてね、それで今年はフリーパス。

富澤　それにしても相当な石巻ＬＯＶＥですね。

青春時代、日和山公園での誓い

伊達　石巻といえば、師匠が落語家を志すきっかけが、日和山《ひよりやま》公園（※3）ですもんね。

林家　大学4年の春に、石巻の老人ホームで一席披露して、プロになることを日和山公園で誓ったんだよね。

富澤　なぜ東北へ旅することにしたんでしたっけ？

林家　美術大学2年生のとき、授業でずっと上野駅の16番線で長距離列車「津軽」や「八甲田」の写真を撮っていたんです。そうしたら、乗客がみんないい人でね、荷物をたくさん抱えて、酒盛りを始めたり。東北人の優しさを知って、素人の下手な落語でも聞いてくれるんじゃないかと思って、青春18きっぷを買って仙台へ行ったんですよ。プロとしてやっていけるかどうかを、見ず知らずの土地で試してみたかったの。

伊達　大学生のころの芸名は？

林家　遊々亭迷々丸《ゆうゆうていめめまる》。先輩がつけてくれて。それで仙台に到着後、片っ端から電話して応じてくれたのが、石巻の老人ホームだったの。不安でいっぱいだったんだけど、ものすごく笑ってくれてね。「落語家っていい仕事だな」って思った。老人ホームには「有名になって戻ってきます」と誓い、東京に帰る前に日和山公園に登って、太平洋に向かって「絶対、落語家になってやる！」って叫んだんだ。青春だね〜。青春は海に向かって叫ぶのが決まりだから。

伊達　そういう誓いを立てた場所があるのって素敵ですね。なかなか普通の人にはありませんよ。

林家　ふたりは誓いの場所ってないの？

富澤　強《し》いて言えば、いっしょに住んでいた東池袋のアパートのトイレ。

林家　トイレ!?　どんなプレイ？

富澤　伊達が上京したときに「かなえたい夢」を7つ書かせて、「じゃあ俺がそれを実現させる」ってその約束をトイレに貼ったんですよ。

伊達　僕はサラリーマンをしていたんですけど、お笑いをいっしょにやってくれたらかなえてくれるって。

林家　すごい！

伊達　当時からすれば考えられないことばかりですよ、20年前ですからね。それがすべて実現した。

林家　教えてよ、その7つ。

伊達　オールナイトニッポンでしゃべる、任侠映画に出演、高級外車に乗る、食べ物のCMに出演、あとなんだっけ？

富澤　草野球をやる。

林家　え〜(笑)。

伊達　草野球って、東京でやるのは大変なんですよ。知り合いがひとりもいないし、相手チームも探さないといけない。

林家　あ、ホントだ。あとは？

伊達　歌手デビューと、ナレーターをさせる。

林家　夢は書くとか声に出すと、実現するっていうからね。自分から発しないと。

※1　2017年9月30日と10月1日の2日間にわたって開催。9月30日は車いすジョギング、親子ペアラン、10月1日にはファンラン、フルマラソンが行われた。

※2　東北のグルメが堪能できる「復興マルシェ2017」も同時開催された。

※3　かつて石巻城があったとされる、桜とツツジの名所。石巻市内や、さらには遠く松島や蔵王の山々なども一望できる。

放送後記

富澤　桜を見ると「たい平桜」（※）を思い出すんですよ。「あ、たい平さんの桜があるんだな」って。石巻はたい平さんに任せればＯＫだなって思ってます。

伊達　オレら、そのたい平桜を褒めたんだけど、たい平さんは「桜の石碑に『○○参上！』とかっていたずら書きされないか気が気でない」っておっしゃってて……銅像とかもメガネ書かれちゃったりするもんね。

※　若きたい平さんが日和山公園で誓いを立てたとき、記念写真に写っていた桜の木。のちにそのエピソードを聞いた石巻の人たちが「たい平桜」と命名した。当時は細い若木だったが、現在では大木となってたくさんの花を咲かせている。

塩沼亮潤　福聚山慈眼寺 住職

過酷な修行を通じて得たものを、いま、生きている人たちに伝える

2016年7月〜8月放送

しおぬま・りょうじゅん／福聚《ふくじゅ》山慈眼《じげん》寺住職。大峯千日回峰行大行満大阿闍梨《だいあじゃり》。1987年、奈良県吉野の金峯山寺で出家得度。1999年に大峯千日回峰行を満行。2000年には四無行を満行し、大阿闍梨に。2003年、仙台市秋保《あきう》に慈眼寺建立。2006年には八千枚大護摩供も満行した。

想像を絶する「千日回峰行」を達成

伊達　塩沼大阿闍梨さん、偉いお坊さんらしいのですが、例によって、実際どんなに偉い方なのかは存じ上げません！

富澤　でも、今回は俺にだけは事前に資料が渡されていまして、伊達にはまっさらな気持ちで疑問をぶつけてもらえればと。

伊達　じゃあ、うかがいますね。あなたはいったい、何がすごいんですか？

塩沼　「千日回峰行《せんにちかいほうぎょう》」って、伊達さんはご存じですか？

富澤　あ〜、あれね。

伊達　ん？

塩沼　1000日間、毎日48キロの山道を歩き続けるんです。やめちゃいけない。そして万が一、途中でダメになった場合は、短刀で腹を切って命を絶たなければならない修行です。

伊達　えっ……。

塩沼　日本には1300年の歴史を持つ、そんな修行があるんです。それを終えた人には「大阿闍梨」という称号をいただける。まあ、称号ですから社会的にはなんの価値ありませんが。

伊達　それは何人か挑戦しているんですか？

塩沼　なんせ厳しい修行ですから、私が開山して2人目だそうです。ただ、比叡山延暦寺にも同様の修行がありまして、そちらには65人くらいの達成者がいるとうかがっています。私が修めた大峰千日回峰行は出発点が標高300メートル、山頂が1719メートル。起床は夜中の23時25分、身を清めて山に入るのが0時30分。提灯ひとつと編み笠と杖を持って入ります。

伊達　たったひとりで!?　怖いですね〜。

塩沼　クマやイノシシ、夏場はマムシも、いっぱい出ますよ〜。

伊達　どこの山に入るんですか？

塩沼　奈良の大峰山《おおみねさん》です。毎年5月3日から9月3日までの4か月、この期間は嵐だろうが雪が降ろうが、1日たりとも休んではいけない。これを9年間繰り返して1000日間。私の場合は23歳で始めたので、終えたのは32歳のときでした。

富澤　1日に48キロだって（笑）。

塩沼　16時間かかります。帰ってくるのが夕方の3時30分。ブラック企業ではなくブラック修行です。労働基準法を犯《おか》していることになりますね～。

伊達　ひえ～……なんでそんなことやり出したんですか？

塩沼　小学生のころ、この大峰千日回峰行を特集したテレビ番組をたまたま観て、「これやりたい！」と。

伊達　そんな軽いノリで……プロレス観て「レスラーになりたい！」って思うのと、根っこは同じじゃないですか。なんでそういう方向に進んだんですかね？

塩沼　よくたずねられるのですが、理由はわからないんです。でも、きっとそれが役目だったんだって、いまでは思っています。

伊達　へ～。

塩沼　ただ、環境の影響もあったとは思います。幼いころから何不自由なく過ごしていたら、この世界には目が向かなかった。うちは母子家庭で貧乏でしたから。あ、だからといって不幸ではなかったんですよ。隣近所の方々に支えられて、家のなかは和気あいあいとしていましたし。だからかな、その方たちに報《むく》いるために……「修行だ」という気持ちになっていったのかもしれません。

食わず、飲まず、寝ず、横にならず……修行は続く

富澤 修行中って、体調が悪い日もありますよね。

塩沼 ほとんど毎日「悪い」か「最悪」です。

伊達 えっ!? どうなっちゃうんですか?

塩沼 歩く距離はもちろん、標高差による温度差、ある意味の時差ボケ、すべて体にのしかかってきて、初日を終えると高熱が出ます。

伊達 寒暖の差はどれくらいですか?

塩沼 5月を例にとると、出発地点が30℃でも、山頂が氷点下の日もあります。そうなると体が暑いのか寒いのか麻痺《まひ》してしまう。でも医者にも行けなければ、薬を飲んでもいけない。お寺の山門から出てはいけない決まりですから。

富澤 じゃあ、虫歯とかがあったら……。

塩沼 ひどくなる一方で、神経さえ蝕《むしば》まれます。その結果、一歩、歩くだけでも脳にズシーンと響くんです。

伊達 履くものはスニーカーですか？

塩沼 地下足袋です。「エア地下足袋」とかがあればいいんですけどね（笑）。でも私は特別かもしれませんが、苦しめば苦しむほど楽しくなってくるんです。それで、修行が終わると、もれなくついてくるおまけもありまして。

伊達 おまけ!? そりゃご褒美《ほうび》とは違いそうですね。

塩沼 「四無行《しむぎょう》」といいまして「食わず、飲まず、寝ず、横にならず」に座禅を組んで、9日間20万回の真言（真理を表す秘密の言葉）を唱え続けます。「食わず、飲まず、寝ず、横にならず」を簡単な順から当ててみてください。

伊達 僕は四六時中、横になっていたいけど、「横にならない」が一番簡単そうですね。

塩沼 伊達さん、正解！ ①横にならない、②食べない、③寝ない、④飲まない、の順ですね。

伊達 9日間食べないのが次に楽なの？

塩沼 千日回峰行で食が細くなっていましたし、四無行に入る3日前から断食に近い状態にしましたので、実際のところ空腹感はありませんでした。

伊達 「寝ない」は、そもそも不可能ですよね。どうやって克服したんですか？

塩沼　最初の3日間は地獄でしたが、そこを過ぎたら楽になりました。プロ野球選手が「ゾーンに入る」といいますが、あんな感じではないでしょうか。2名の監視役が8時間交替で両脇に座っているんですが、そのふたりがうたた寝するのを何度も注意しました。

富澤　お経を唱え続けて声が出なくなることはないんですか？

塩沼　「微音《びおん》」といって、小さな声で唱えるんです。それでも、のどが渇く。比べものにならないくらいつらかったのが、その「飲まない」なんです。渇きへの煩悩《ぼんのう》は最後まで克服できませんでした。

伊達　やっぱり水か〜。

塩沼　5日目からうがいだけは許されるようになるんですが……。

伊達　それ、飲んじゃいましょうよ〜。

塩沼　でも、その5日目のうがいをしたときにね、自分では飲まなくても、肌がちゅるちゅるって音たてて水を吸収しているのがわかったんです。不思議なのは、これだけ水を飲んでいなくても、お小水は1日二度、必ず出ます。そして、ちょうど1日1キロずつ、体重が減るんです。

伊達　最後の日は何を思ったんですか？「ようやくこれでカツ丼食える！」とか？

塩沼　それはないです（笑）。感謝の念しか湧《わ》き出ませんでした。「世界がふわ〜っと自分を包んでくれていたんだ」って。で、涙が出てくるんです。「生きている」という感覚よりも、「生かされている」という実感……。

伊達　何それ!?

塩沼　なんでもないようなことにさえ、感謝を覚えてきます。地球はまわっているのに、コップの水はこぼれない、その事実に感謝したり。

伊達　行を終えて、最初に口にしたのはなんですか？

塩沼　水です。

伊達　ゴクゴクできました？

塩沼　それをしたら死んじゃうでしょうね。食道がピタッと閉まっている状態でね、水を少し飲んだだけでミリミリミリって破れる感じがして痛いんです。

富澤　はがれていく感じ？

塩沼　そうです。だから、ぬるま湯を少しずつ飲んで、落ち着いてからリンゴジュースを飲みました。

富澤　その後は、「やっと風呂に入れるぞ」って感じですか？

塩沼　風呂という気分ではないですね。ただ、私自身は気づきませんでしたが、3日目から死臭が漂《ただよ》っていたそうです。

富澤　死臭!?　でも、自分ではわからない？

塩沼　まあ、逆に自分にしかわからないことも会得《えとく》しました。現象がスローモーションで見えるんです。線香の灰がくだける瞬間がよく見えて、ポトリと落ちる音まで聞こえました。遠くで誰かがしゃべっている声もすべて聞こえますし、誰が何をしているかもにおいでわかります。

富澤　聴覚や嗅覚が研《と》ぎ澄まされるんだ！

伊達　警察犬になれますね。

塩沼　でも、視覚はだんだん弱くなります。

富澤　人間の体って不思議ですね。ご飯のにおいは気になりません？

塩沼　離れたところで修行をしているにもかかわらずにおいがしました。でも、私は平気でしたね。

伊達　食べずに生き抜くことができる……仙人みたいな方ですね！

生きている人間がよりよい人生を過ごすために

2003年、仙台郊外の秋保《あきう》温泉の奥に慈眼寺《じげんじ》を開いた塩沼さん。水も空気もきれいなこの土地で、なかば自給自足の生活に慣れたころに、東日本大震災に見舞われる。

伊達　震災後はどんな動きをされていたのでしょうか。

塩沼　秋保温泉は山間地域なので部分損壊ですみましたから、慈眼寺を修理していました。そんなある日、「自分は家があるから修繕できるんだ。いま、この時間も家を探している人がまだまだいるじゃないか」と急に申し訳なくなりまして、大反省をしました。これって、阪神・淡路大震災のときと同じではないかと。

伊達　阪神・淡路大震災のときは何をされていたんですか？

塩沼　まさに奈良で修行の真っ最中でした。神戸が大変なことになっていることを知りながらも、修行にいそしむあまり、1か月経ち、2か月経ち、気づいてみたら何もしていない自分がいたんです。だから今回は、風化防止を目的にメディアに出始めました。

富澤　ところで「亡くなった方が現れる」って聞きますが、そのことについてどう思われますか？

伊達　あまりにも一瞬の出来事で、思いがそこに残るともいいますよね？

塩沼　私には亡くなった方の感情まではわかりません。ですが、修行中は私もよく霊を見ました。限界すれすれの毎日でしたので、幻聴や幻覚の類《たぐい》はあるものだと師匠からも教わっていましたし。最初の3分の1は武士やつらい思いをして亡くなった人たちが出てくる「怖い霊」、次の3分の1は天女とか美しいもの、そして最後の3分の1は何も見ませんでしたね。

伊達　そっか、じゃあ俺らが聞いていた地元の話は、あながちウソではなくて、追い詰められて……。

富澤　あのころは、精神的にも肉体的にも疲れていましたもんね。

伊達　被災地にご供養には行かれたんですか？

塩沼　私は行っていないです。そもそも「生きている人間がよりよい人生を過ごす」ための考え方を提示したのが仏教で、私はそちらを専門に向き合っていくことにしています。だから、慈眼寺には檀家《だんか》もお墓もないんです。

伊達　お葬式でお経をあげることもしない？

塩沼　はい。

伊達　じゃあ、お金についてはどうしているんですか？

塩沼　その日ごはんが食べられるだけで幸せです。

放送後記

伊達　目力がすごくて、吸い込まれそうな方。本当に神様と話しているみたいで、タダものじゃないっていうのはすぐわかりますよね。その後、我々の仙台のライブに来てくれたんですよ。それを親父に言ったら、塩沼さんの本を読んでいたのですっごい驚いてました。

富澤　ロンドン公演にも来てくれたよね。そこで大阿闍梨のTシャツをいただいて。どこで着たらいいのかわかんないけど（笑）。

尾形貴弘（パンサー）お笑い芸人

知らないことも多いけど……とにかく宮城を愛しています！

2017年10月〜11月放送

おがた・たかひろ／NSC東京校8期生。2008年より、お笑いトリオ「パンサー」として活躍。仙台育英高校、中央大学サッカー部で本格的にサッカーに取り組んでいた。アイドルグループ吉本坂46のメンバーでもある。

津波で実家を失う

伊達　尾形君は、宮城県東松島市生まれで、あの仙台育英学園高校サッカー部出身！　僕らと同郷です。あまり知られていない話ですが、尾形くんの実家って震災で流されたんですってね。

尾形　海から歩いて5分のところですから。家はもちろんですが、両親とも津波被害に遭《あ》いました。

伊達　えっ？

尾形　その時間、かあちゃんは家にいて、津波警報を聞いて高台かお寺かどちらに逃げようか迷ったそうなんですけど、お寺を選んで奇跡的に助かりました。残念ながら、高台に避難した方はお亡くなりになったそうです。親父は親父で、家にいるかあちゃんを助けに戻る途中、波に飲まれて。登った木が折れて体が沈み、覚悟を決めたところに屋根が流れてきて、そのまま屋根の上で数時間漂流……。その日は雪が降りましたよね、それがつらかったって。

伊達 ちょっとした運命のさじ加減で助かった人、ダメだった人に分かれる……。あの地域の方々はみんなそんな経験をしていらっしゃいます。

富澤 尾形くんはそのとき、どこにいたの?

尾形 夜に新宿のルミネで仕事があったので、時間つぶしに新宿のサウナにいました。

伊達 サウナ!? またのんきだな~。

尾形 サウナの室内には10名ほどのオッサンがいました。人間って不思議なもので、大きな揺れが起きたその瞬間、僕を除く全員がサウナの壁を押さえ始めたんです。でね、10人のオッサンのタマキンが、ぶらーんぶらーんって同じ方向に揺れる、信じがたい光景を見てしまったんです。

伊達 メトロノームみたいに?

富澤 見続けると眠くなったとか?

尾形 催眠術やってどーすんですか! それで、俺は裸のまま死にたくないと、すぐにサウナを抜け出してルミネに行きました。

伊達　当然ライブは中止でしたよね。

尾形　はい。でも出演予定の芸人はほとんど揃っていましたかね。それで楽屋のテレビをみんなで観ていたら、ニュースで自分の家が流されていくライブ映像を見てしまって……。

伊達　ホントに!?

尾形　すぐ電話したんですけど、それから両親とは2週間連絡がとれませんでした。和歌山に嫁《とつ》いだねえちゃんがいるんですが、毎日「とうちゃん、かあちゃん、死んじゃったよ～」って泣きながら電話してくるんです。それで、ねえちゃんと大ゲンカ。

伊達　助け合って仲よくするのが普通でしょ？

尾形　最初の1週間は慰《なぐさ》めていたんです、「俺も一生懸命連絡とるから」って。でも、どうしようもないじゃないですか。それに俺だって長男ですよ、泣きたいのを堪《こら》えてがんばっていたわけで……それで腹が立っちゃって。

伊達　でも、連絡がとれない間の心境ってどうなの？　日ごとに亡くなった方の数が増えるニュースばかり流れてくるわけでしょ。

尾形　正直、完全に覚悟していました。ただ、居ても立ってもいられず、車を借りて那須高原まで行ったんです。

富澤　行ったんだ!?

尾形　でも、警察や地元のおじさんに説得されて、引き返してきたんです。被災地では何もできないし、渋滞の元を作って邪魔になるだけだって。まあ、突発的に行ったところで、迷惑になるだけなのは確かですしね。

富澤　じゃあ、最終的に連絡はどういうふうにきたの？

尾形　無事だった僕の同級生が避難所を探しまわって、生存者の名簿リストに両親の名前を確認してくれたのが、1週間経ったころでしたかね。でも、やっぱり声を聞くまでは安心できませんでした。

伊達　ご両親同士はすぐ会えたのかな？

尾形　それは大丈夫だったようですが、サッカー部時代のトロフィーや賞状なんかは全部なくなってしまいました。だから、芸能人の子ども時代の写真を公開するようなテレビ番組にも呼ばれないんです……。

伊達　そっか～。

松島町の大使を……卒業？

富澤　ご実家は、その後どうなったの？

尾形　海沿いには住めなくなってしまったので、塩釜の高台に家を建てました。僕も少しお金を出して！

伊達　偉い！　さすが長男！　いまでは「東松島ふるさと復興大使」も務めているんだもんね。

尾形　松島のPRのために、ひと肌脱いでいますよ。
伊達　松島といえば「のりうどん」。おいしいよねぇ!
尾形　そうです、松島といえば皇室献上海苔《のり》の産地ですからね。のりうどんは、もちろんおいしいけれど、いま流行っているのが、うどんに海苔を練り込んだ黒いもので……。
伊達　それが〝のりうどん〟。
尾形　え!? あ、う～ん……そうなんすか、それがのりうどんですか。海苔がかかっているのがのりうどんではない……というわけですか!
伊達　なんか仕事っぷりがアバウトというか、ひょっとして人の話を聞かないタイプ?
富澤　第1回目の東北・みやぎ復興マラソンで、35キロ地点のレポーターをやったときもすごかったもんね。
伊達　あれには笑った! 「え～、こちら35キロ地点のランナーの様子を聞きましょう」って言って、走っていたランナーを無理やり止めたじゃないですか。それでマイク突きつけて、「どう?」。
富澤　「どう?」っていきなり聞かれても、答えようがないもんね。
尾形　……。
富澤　松島町の観光親善大使もやっていましたよね。
尾形　あれは……卒業扱いとされました。

富澤　大使って名誉職ですよね。卒業なんてあったっけ!?

尾形　（急に小声になり）いろいろありましたから……クビになったんです。

伊達　写真週刊誌に出たんだっけ？　何を撮られたの？

尾形　撮られたというか暴露されたというか……性癖を。やめましょうよ、その話題は。

伊達　いつからそんな風になったの、仙台育英の純朴な少年が……。

尾形　大学で練習を終えたら、毎日ナンパしてました。それで、ついたあだ名が〝八王子のハイエナ〟。朝の7時30分までナンパしていましたから。

伊達　マジで!?

ホントに仙台のこと知ってる!?

尾形　ベガルタ仙台も大好きで、応援していますよ。サッカーといえば、なんといっても僕は中村憲剛《けんご》の先輩ですから！　彼は僕が育てたといっても過言ではありません。

伊達　仲いいんだ！　それはうらやましいな。なんて呼んでいるの？

尾形　もちろん「憲剛」ですよ！

富澤　じゃあ、なんて呼ばれているの？

尾形 ……さあ〜、メールを交わすだけの間柄なので。それも半分くらいしか返ってきません。

伊達 仲いいなんてウソじゃん（笑）。

富澤 中村憲剛とは性癖の話とかもメールでするの？

尾形 性癖の話は蒸《む》し返さないでくださいよ〜。

伊達 ホント、そういうのがあるから信用されないんだよね。尾形君と（狩野）英孝ちゃんはダブって見える。

せっかく俺たちが「東北を盛り上げよう！」と言っているのに、後輩たちがねぇ……。

富澤 僕らふたりは宮城で好感度が高いのに、君らを加えると平均になってしまう。

尾形 世のなか、フラットでいいんです、フラットで成り立っているんですから！

伊達 そんでもって、フラっと女性に近づく……。

尾形 お近づきになりたいのは、僕の宮城愛をわかってくれる老若男女すべての方ですよ！

伊達 それなら、これからも仙台の仕事、いっしょにやっていこうね！

尾形 ぜひぜひ！　ベガルタの仕事、どんどんやっていきたいです。もちろん楽天イーグルスも。

伊達 あっ、楽天も好きなんだ。

尾形 楽天だけじゃないですよ！　宮城のものはなんでも好きです、さっきからそう言っているじゃないですか！

伊達 楽天の1番から9番まで、打順言える？

尾形　ぼ、ぼ、僕は「人」で見てませんから……イーグルス全体を見たいので、打順なんてつけたくないんです！

伊達　そんなこと言って、ホントは選手のこと知らないんでしょ。背番号14番は？

尾形　……吉田ですかね!?

伊達　則本（※1）です（笑）。誰だよ、吉田って！

富澤　わかった、野球はこっちでやるわ。じゃあバスケやって。

尾形　バスケ！　仙台89ERSは何度も取材していますので、任せてください！

伊達　チームのキャラクターはなんでしたっけ？

尾形　えーっと……ずんだ餅。

伊達　違うでしょ、ライオン！（※2）　プロバスケのチームに「ずんだ餅」はないでしょう。あと、仙台は女子プロレス（センダイガールズプロレスリング）も盛り上がっていますね～。

尾形　「仙女」ね、知ってますって。

伊達　じゃあ、「女子プロレス界の至宝」と呼ばれている、仙女のエースは誰でしたっけ？

尾形　……神崎。実際の名前はほかにあるかも知れませんが、顔はいかにも「神崎」って言ってます。

富澤　里村さん（※3）！　もうちょっと、わかってもらいたいな～（笑）。

伊達　知事くらいはわかりますよね？
尾形　……庄司……「庄司」っぽくないですか、あの顔は？
伊達　村井知事。ヤバいな、いますぐ宮城に帰ってもらいたいくらいです。
尾形　何も知らないということは、伸びしろがあるということじゃないですか。とてもいいことなんですよ、僕らも知事になりましょうよ！

※1　則本昂大《たかひろ》選手。8試合連続2桁奪三振のNPB記録を保持し、パ・リーグ最多奪三振を5年連続で記録している名投手。
※2　男の子のライオン「ティナ」。
※3　里村明衣子《めいこ》。センダイガールズプロレスリング代表。2018年DDTのKO-D無差別級、初の女性チャンピオンに。

放送後記

伊達　尾形？　知らねぇなぁ（笑）。いや、でも実は郷土愛が強くてね。被災者のなかでも彼ほどの経験を持つ人はあまりいないんだけど、彼はそれをほとんど公《おおやけ》にしていないっていうのが、芸人としての強さだと思いますね。頼もしい後輩ですよ。
富澤　でも、東北芸人は僕ら以外みんなポンコツなんでね。尾形くんたちは（東北応援のために）あんまり動かなくていいよ、とも思ってます（笑）。

Chapter5

〝非真面目〟に生きる

坪井伸吾　フリーライター・冒険家

妻の言葉が背中を押した、破天荒な冒険の日々

2012年7月放送

つぼい・しんご／大学2年のころにバイクで日本1周をして以来旅に取りつかれ、世界1周も達成。各地で大物釣りを敢行《かんこう》し、アマゾン川をイカダで下る経験も。その後も、北米大陸を単独マラソンで横断するなど、過酷な旅を続けている。

お腹に回虫を飼っていた!?

伊達　ラジオ番組なんだから、福山雅治さんとかがゲストに来てくれたらいいなって話をしてたんですけど、どうやら本当にゲストが来てくれたようです。

富澤　福山さんが？

伊達　いや、ライター兼冒険家の坪井さんです。ちょうど夏休み前なので〝冒険の話〟でも聞きたいなと。

富澤　だけどお前、福山雅治さんを呼ぶって話だっただろ。

伊達　呼べたらとは言ったけど、呼ぶとは言ってない。でも性別はいっしょだからさ、納得してくれよ。

富澤　じゃあ坪井さん、まず謝ってもらえませんか、福山さんでないことを。

坪井　どうもすみません。

伊達　ゲストの最初の言葉が謝罪なんてかわいそうだろ！　坪井さん、けっこうすごい人なんだぞ。たとえば、プロフィールにあるのは「寝ている間に背骨が折れていた」「お腹に回虫を飼っていた」。

富澤　回虫って、あの回虫!?　この21世紀に？

坪井　別に飼っていたわけでなく、勝手に棲《す》みついていたんです。

伊達　どうしてわかったの？

坪井　パキスタンから帰国して、ある日パンツに違和感があったので、トイレに行ったら15センチくらいのミミズが……。

富澤　えーっ！

坪井　でも、なんだかわからないじゃないですか。だからとりあえず、うーん……って考えて、フィルムのケースに入れて、まず母親に見せたら「昔はいたよー」って。案外、昔の人は驚かないものなんですね。それで病院に持っていったら、先生は絶句してました。

伊達　そりゃそうでしょ。「こんなん出ました！」って言われてもね。

坪井 先生も図鑑でしか見たことがなかったらしく、明らかにうろたえてました。違う病院を紹介されましたが、そこも若い先生で「とりあえず下剤を出しましょう。でも腸に噛みつく恐れがありますので」って言われて、「回虫って噛むんですか?」とたずねたら、「かもしれません」と。誰もよう知らんということがわかりました。

伊達 どこでそんなものに接したんでしょうかね?

坪井 わかりませんが、イランからパキスタンへの走行中にあった、オアシスの井戸ですかね。

伊達 キレイじゃないんですか?

坪井 オアシスと聞くとキレイな印象を持ちますが、本当は雑菌だらけですよ。

伊達 こんなにヘンな経験を積んだ人に会うの、初めてだわ。

富澤 だからね、これから迎える夏休み、回虫を飼って宿題に……。

伊達 俺、そんなつもりで呼んだんじゃないから! もっと夏休みらしい冒険の話を聞かせてください。

ただの遭難? 大河でイカダ生活

伊達 「アマゾンの思い出」というのは?

坪井 アマゾン川で4か月、イカダ生活を送ったことがありました。

伊達 「川口浩探検隊」(※1)じゃないですか!

坪井　カメラはついていませんけどね。
富澤　イカダ生活って、どんな？
坪井　大きさは四畳半くらい、屋根もついていて、5メートルのオールでスピードも方向もコントロールできる……というつもりだったんですが、出発して5分くらいで、イカダが重すぎていっさいコントロールできないことがわかりました。で、岸にぶつかっては止まるを繰り返して……。
伊達　それってただの遭難じゃないですか。
坪井　そうですね。それにアマゾンの河口幅って350キロくらいあるんです、まるで海。その間に九州くらいの大きさの島があったり。
富澤　ちょっと何言ってるかわかんないっすね。「川」なのに？
伊達　スケールがでかすぎて想像できないわ。ワニとかピラニアもいるの？
坪井　ワニは1メートルくらいのサイズばっかりだったので大丈夫でした、ピラニアはおいしいので食べてましたよ。ピラニアより珍しいのがピンクイルカ。イルカがピンクなんですよ。イルカが飛び上がるイメージってキレイな青い海ですが、アマゾン川って茶色く濁《にご》っている。泥水から飛び出すこの違和感……。
富澤　それ幻覚見てたんじゃないですか!?

やがて話題は、ロサンジェルスからニューヨークまでの5400キロを自力で走破した旅へ。もちろんスポンサーもなければ、川口浩探検隊のようにカメラクルーがいるわけでもありません。

伊達　5400キロってピンとこないんだよなぁ。日数的にはどれくらいかかったんですか？

坪井　4か月ちょっとでしたが、アメリカのビザは3か月しかないので、2000キロを残して日本に帰国することになりました。

伊達　なるほど。その後、またアメリカに渡ったんですよね？

坪井　それが、旅が僕だけじゃなく、家族の問題にもなりまして……。

伊達　家族？　誰それ？

坪井　嫁さんと子どもです。

二人　ええっ、結婚してたんだ……!?

坪井　責任もあるので、もう日本に戻ったら出国できないかなと思ってたんです。でも、嫁さんから「これでいいの？　3400キロ走っただけでもすごいと思うけど、そんなすごさは玄人《くろうと》にしかわからないじゃない。素人にもわかる結果を出したらどうなの？」って。

伊達　かっこいいこと言うな〜。

富澤　星野仙一監督みたいだな。

伊達　それで心おきなく再出発できたんですね。だって……道楽ですもんね。

坪井　はい、彼女の言葉がすべてですね。これであと2か月あれば2000キロ走れる、よっしゃ、と。

伊達　でもね、坪井さんが走った年は異常気象の年だったと聞いています。

坪井　そうなんです。40℃超えの日々が続いて、45℃を記録した日もありました。すべてが初めて走る道ですから、水がどこで確保できるかもわからないし、死の危険も感じたわけです。なので最大で6リットル分を背負って走りましたね。宿泊道具だけで9キロありますので……。

富澤　15キロだ！　そんな重い荷物持って、ホントに走ってたんですか？

坪井　自分では走ってるつもりでしたが、歩いているようにしか見えなかったかも。でもそれだけ走ってると、免疫力が上がってくるんですかね。それで足にマメができても朝には治ってました。走り続ければ悪化するのが普通なのに。

富澤　すごいな！　ところで道に迷ったりはしませんでした？　携帯電話もそれほど充実してない時代ですよね。

坪井　道はシンプルですので、地図を見ながら走れば心配ありませんでした。でも、アメリカは車社会ですから、道路に人が走っている発想がないので、ひかれる恐れがあるんです。特に夜はまったく走れませんでした。日が暮れてくると宿を探し、安い宿がなければテントを張って野宿です。

伊達　恐い経験もあり……ますよね？　ヘビやサソリもいるでしょ？

坪井　それはたいしたことないですよ。ヘビはいますけど、毒があるかはわからない。だから「安全なヘビだろう」って言い聞かせました。

富澤　なんか全部漫画みたいな話なんだよな。

恐怖に震えた野宿体験

坪井　怖いといえば、とある安モーテルに泊まったとき、朝起きたら扉の前に見知らぬ足が見えたんです。恐る恐る開けてみたら、玄関で誰かが寝ている。で、彼が飛び起きてファイティングポーズをとってきたんです。じゃあ、とこちらもファイティングポーズをとってみると、彼の目が怯《おび》えている。アメリカは不法侵入者は即、銃で撃たれても仕方ない社会ですから、不利なのは明らかに彼なわけです。それで、なんとかこの修羅場を収めたいと思い。

伊達　で？

坪井　思わず「グッドモーニング！」って言っちゃった（笑）。

富澤　ファイティングポーズをとりながら!?

坪井　相手も「グッドモーニング！」って。単なる不法侵入者だったんでしょう。

伊達　坪井さん、なんでも飄々《ひょうひょう》と話すけど、俺ならすぐ日本に帰るよ。
富澤　あと、これは何ですか、台本に「おばけを見た」ってありますが。
坪井　野宿をした、とある夜、嵐が吹いてきて雨も降り出した。そんな逃げ場がない状況のなか、テントの外に生き物らしき気配がするんです。こんな暴風雨ではありえないんですが、野犬なのか、熊なのか……「ハァッ、ハァッ」って、何かがテントの外をグルグルまわってる。仕方ないから懐中電灯をパッとつけたら気配が消えたので、これはおかしいぞと思いました。動物なら動くか逃げるはずなのに、その音がしないんです。それで、明かりを消すとまた気配が戻ってくる。そうしたら今度は「カリカリッ、カリカリッ」、反対側からは砂浜にスコップを突き刺すような「プスッ、プスッ」という音がしてきた。
伊達　やだやだ～。
坪井　湿った土地ですので、音が出るわけないんですよね。まぁ、ポルターガイストかなって（笑）。
伊達　坪井さん、何がおもしろいんですか？
富澤　だって独りぼっちですよね？　……それで……外を見たんですか？　やだな、結末聞きたくない。
坪井　〝すべてなかった〟ことにして、寝ました。
二人　え～っ！
坪井　正直、震《ふる》えは止まらなかったですが、こっちが相手にしなければ向こうもあきらめるだろう、だからなかったことにして寝ようと。

伊達　よく眠れますね……。

坪井　しばらくして、風も収まり気配も消えたのでそぉっと外を見たら……。

富澤　……何か見つけました？

坪井　星がキレイでした。

伊達　なんすかそれ！　そんなメルヘンチックなオチはいらないですよ！

※1　1976年に始まったNET（のちテレビ朝日）系列の『水曜スペシャル』で不定期に放送された人気企画。UMAや少数民族を求め、世界各地の秘境で探検を行なった。

放送後記

伊達　当時「この番組ならでは」というゲストに来てもらいたいね、と話していたあとにスタッフが選《え》りすぐって呼んだ初のゲスト。まだどうすればいいのか手探り状態だったのに、いきなりの「濃い」人でしたわ！

富澤　このパワー、もっとほかのことに使えばいいのにと思っちゃうけど……まぁ、そういうことじゃないんでしょうね。自分では絶対やらないことだからこそ、話を聞くのがおもしろいですよね。死と紙一重なこともたくさんあっただろうけど、きっと自慢したいわけでもなく、純粋に楽しいんだろうな。

高部正樹　軍事評論家

「他人のために命を賭す」戦場での壮絶な経験

2013年5月〜6月放送

たかべ・まさき／高校卒業後、航空学生として航空自衛隊に入隊。パイロット訓練中のケガにより除隊し、1988年よりアフガニスタン、ミャンマー、ボスニア・ヘルツェゴビナなど、世界各地の戦闘に傭兵として参加した。

テレビには映らない「におい」

富澤　高部さんという方がスタジオにいるんですが……。

伊達　僕らは何も聞かされていません、この方が何者かを当ててください、というクイズ形式だそうです。

富澤　マジシャンじゃないですよね？

高部　違います。ちなみに東日本大震災後の10日後には4トントラックに物資を積んで宮城の山元町に入りました。ちょうど放射能の拡散が騒がれ始め、現地入りをためらう人が出てきたので「じゃあ、俺が行くしかない！　放射能への理解も若干あるし」と。

富澤　わかった、放射能に強い人！

伊達　原発関連じゃないですよね。どこで働いていたか教えてください。

高部　東南アジアや旧ユーゴスラビアです。

伊達　戦場カメラマン？

高部　近いです。

富澤　全然わからないな、ギブアップしていいですか？

高部　正解は、傭兵《ようへい》です。

伊達　え～！

富澤　傭兵って漫画とかで読んだことはありますけど、実際にいるんですね。現在は何を？

高部　6年前に引退して、いまはジャーナリスト活動をしています。

伊達　いま、渡されたプロフィールによると、戦闘機パイロットに憧れ、航空自衛隊に入ったものの腰を痛めて飛行機に乗れない身となり……。

高部　それで傭兵になりました。

富澤　飛行幹部候補生って書いてありますね、エリートだった？

高部　でも、飛行機に乗れなかったら関係ないですから。

伊達　「傭兵」っていうインパクトが強すぎてなぁ……。

富澤　外国の反政府軍とかに雇われるんですよね？　採用窓口ってどこにあるんですか？

高部　当時は関連のオフィスで働いている日本人がいたので、彼に紹介状を書いてもらって応募しました。

伊達　なぜ？　志願する理由がわからないです。

高部　他人のために命を賭《と》す、それが軍人の本望ですよね。戦闘機パイロットを断念したあとも、歩兵になろうと考えていた1988年、アフガニスタンにソ連が攻め入ったことがありました。自衛隊の仮想敵はソ連でしたから、僕の傭兵キャリアもそこから始まったんです。

富澤　九死に一生を得た経験はあります？

高部　アフガニスタン時代ですね。自分たちが砲弾を運んでいたときに、ソ連軍の攻撃ヘリに見つかり、ロケット弾をまとめて撃たれて背中にいくつもの破片が食い込んだことがありました。あと10メートルずれていたらヤバかったですね。

富澤　そういうときは、仲間も散り散りに逃げるわけですか？

高部　誰かが現地語で「敵だ！」と言ったのは覚えているんですが……。そうそう、現地の言葉で最初に覚える単語は「敵」です。一番ヤバい言葉ですからね。

富澤　実際の戦場はどんなところなんですか？

高部　最近の映画に出てくるシーンはかなり実情に近くなっています。ただ、映画にはにおいがありませんよね。僕にとって戦場の最前線は、においのイメージが強いです。

富澤　どういう？

高部　魚がすべて腐っていたり、埃《ほこり》や汗のにおい。

伊達　僕らもこの番組で何度が話していますが、テレビの映像と東日本大震災の現地とで一番違うのがにおいですよね。

高部　においの記憶は忘れられるものではありませんよね。

ゴミ同然だった紙幣が数年後……

伊達　東日本大震災のボランティアをしてくださったおりの率直な感想を教えてください。

高部　戦場よりひどかったです。戦場では攻撃された建物も骨格は残っているのですが、東日本の津波は骨格さえも根こそぎでした。それに紛争地帯にも生活区域があり、なんとなくそこは攻撃してはいけない不文律があるわけで、市民生活が営まれている場所にはパンを焼く香りや洗濯物のにおいなどがあるのですが、東北には悲惨なにおいしかありませんでした。唖然としましたし、自衛隊やボランティアの方といっしょに行動しましたが、正直、どこから手をつければいいのか途方に暮れましたね。

伊達　被災地での救援活動もされるくらいですから……基本的には戦争反対ですよね。

高部　間違えてほしくないんですが、軍人はみな戦争には反対です。兵隊だって人間だし、家族もいるので死にたくはない。だから戦争はないに越したことはないんです。ただ、仕事だから、任務だから行かなければいけない。だから、僕が強く言いたいのは「兵隊こそ一番の平和主義者」である、ということです。

伊達　家族や両親は反対したでしょ？　どう話しました？

高部　ひとことも話さずに行きました。

伊達　えっ？

富澤　家族を捨てて行った!?

高部　いや、だって話したら心配するじゃないですか。だから家族には10年以上知らせず。帰国したときには行方不明者扱いとなっていました。

富澤　命がけですから、給料はよかったんですか？

高部　90年代はお金を出さなくても軍人が集まった時代ですし、独立を旗印に紛争しているような地域はそもそもお金がないんです。なおかつ支払いは現地通貨ですから、もらった大量の紙幣もドルに両替するとガーンと下がる。

伊達　じゃあそこまでして行く、高部さんの目的はなんですか?

高部　やはり幼いころから持ち続けた軍人への憧れでしょうか。そして、先ほども言いましたが「他人のために命を賭す」という。

伊達　現地に派遣されたあとに後悔は?

高部　それはありますよ！　特に命が危険にさらされた瞬間などには。アフガニスタンでの攻撃ヘリとは、目と目が合ったんです。そのとき頭に浮かんだのはシリアスなことではなく、バカなことなんですよね。「走馬灯のように」という言葉のとおり、瞬時にいろいろと頭が働きました。

富澤　どんなことが浮かびました?

高部　ヘリと同時に視界に入ったのが自分の腕時計だったんですが、日本は日曜の夜8時だって瞬間的に出てきちゃいまして、「日本にいれば『元気が出るテレビ』(※1)を見て笑ってられたのにな」って。

富澤　しかもぜんぜん儲《もう》からないのにね。

高部　戦場にいるときはお金の概念がないので、給料が高いか安いかなんてまったく考えなかったですよ。アフガニスタンでは2、3か月で8000円でしたし……。インフレなので、もらった紙幣が山のような量で、億万長者のような気分でした。だからなのかな、もらった途端に近くにいた人たちに片っ端からあげちゃいました。

富澤　神様みたいですね。

高部　現地通貨だから価値がないと思っていましたし。そしたら、4〜5年前に日本のイベントで世界の通貨を扱っているブースをのぞいたら、アフガニー（アフガニスタンの紙幣）があったんです。「懐かしいな」って見ていたら、戦時中のめずらしい紙幣ということで高騰していて、5枚でなんと5000円!!　あのときのお金をちゃんと持っていたら、何百万円にはなったのかもしれない。

戦場から戻ると感じる焦燥感

富澤　寝泊りはどこで？

高部　洞穴《ほらあな》みたいなところが見つかれば安心ですが、それ以外はやはり緊張しますね。

伊達　普段は何を食べているんですか？

高部　アフガニスタンでの主食はナン、ミャンマーのジャングルでは完全にジビエですね。

伊達　ジビエ？　具体的には？

高部　サル、ネズミ、ヘビ、オオトカゲとか。虫で言えばカナブンやおけら。シカやクマがごちそうでした。

富澤　おぉ……。

高部　ただ、現地の人に口酸っぱく言われたのが「クマは最後に殺せ」と。

伊達　どういうことですか？

富澤　何言ってるのか全然わからない。

高部　一番強い動物である熊がいなくなると、小動物が警戒するようになって、人の近くに現れなくなるそうです。ホントかどうかは疑問ですが。

伊達　懐かしくて、改めて食べたいなと思うものはありますか？

高部　ありません!!　でも、現地でのエピソードをふたつ思い出しました。ひとつは塩昆布。あれを現地にいる日本人からもらったとき、一本ずつみんなで分け合いました。それと永谷園の「松茸の味お吸いもの」ひと袋を1リットルのお湯で溶いて平等に分け合いました。浮かんでいる海苔《のり》を取り合いましたね～。両方とも、なんてごちそうなんだ！　って感激しました。

伊達　日本に帰ってきて、もの足りないとか思うんですか？

高部　最初のころは「あ～なんてステキな国なんだ～」って思いましたが、数週間後には、正直、もの足りなくなりました。

伊達　どっかで争ってないかな、ケンカしてるやついないかな？　みたいな。

高部　それはないですけど、日本にいると現地がよく見えるし、現地にいると日本が恋しくなるんですね。特に現地に関しての思いのほうは強いかもしれません。なぜなら「いまでも彼らは前線にいるのに、俺はヌクヌクしている。そんなんでいいのだろうか？」って。酒飲んで深夜にラーメン食べて……。

伊達　俺、ラーメン食うのに「平和だな」って感じたことは一度もないけどな〜。

※1　『天才・たけしの元気が出るテレビ!!』は、1985年にスタートした日本テレビ系列のバラエティ番組。「ダンス甲子園」など、数々の人気企画を生んだ。

放送後記

伊達　傭兵というのは「ゴルゴ13」みたいな人かと想像していたけど、高部さんはニコニコしててね。

富澤　テレンス・リーさんのことは「戦場では会ったことがない」って言ってましたね！　そりゃそうか。

高江洲 敦 事件現場清掃会社代表

死と向き合い続け、たどり着いた「お惣菜チェーン」

2013年9月放送

たかえす・あつし／料理人、内装業者などを経て、特殊清掃や遺品整理などを請け負う「事件現場清掃会社」を設立。これまでに立ち合ってきた事件現場は1500件以上。2010年には『事件現場清掃人が行く』（飛鳥新社）を上梓。

「生き続ける決意ができた」現場での出会い

伊達 西郷さんに似た風貌ですね。

富澤 犬もいっしょに連れてきましたね。

伊達 犬はいません！ 今日のゲストは、事件現場清掃会社の代表、高江洲敦さんです。

富澤 えっ、事件現場清掃会社っていうのが会社名ですか？

高江洲 はい。その会社を経営している一般人です。

富澤　ということは、自殺とか殺人が起きた場所をクリーニングするお仕事？

伊達　すごい仕事ですね。

高江洲　10年以上の現場経験があっても慣れるものではありませんし、本来ならこのような職業がない世界になってほしいんですが。

富澤　どのような経緯で設立されたんですか？

高江洲　もともと私は高校卒業後、某ホテルの料理人として沖縄から上京しました。

伊達　真逆ですね、料理人からの転身とは！

高江洲　料理人として店を構えるために、早くお金を貯めたくて、休みの日にはハウスクリーニングのアルバイトをしていました。そうしたら「ハウスクリーニングの業界は元手も少なく始められる！」と気づいて、24歳のときにそちらで独立しちゃったんです。

伊達　すごい話だな。

高江洲　でもなかなか大変で……30歳を過ぎたころ、40代のIT関係のサラリーマンが、いすに座ったまま服毒自殺してから1か月経った現場に遭遇したんです。その際の私の契約は「消毒処理」にすぎなかったんです。もちろん当時は雑菌の知識もありませんでしたから、持って行ったのは花粉症対策のマスク1枚で。

伊達　依頼者もアバウトなら、社長もラフだったと。

高江洲　でも現場に行くと、「全部キレイにしろ」と言われて。やったことがないから無理なんです。悔《くや》し涙とゲロまみれで、なんとか終えはしましたが。正直言って「俺はこんな仕事も請け負う男になったのか……」という自己憐憫《れんびん》が。

富澤　でもやめなかったんですよね、なぜ続けたんですか？

高江洲　もう懲《こ》りたので、その後すぐ関係者には「遺体の処理を終えた部屋のクリーニングだけは受ける」と伝えました。それでできた次の仕事が、孤独死した息子さんの部屋で、年老いたお母さんがひとりで一生懸命に掃除している現場でした。大家さんからは罵倒《ばとう》され、近隣からも疎《うと》んじられ、お母さんはすべての人に頭を下げながら汚れた手は止めない。それを見ていて、お母さんにやらせるのは酷だよなって。180度、私の考えが変わりました、俺がなんとかできないかと。

伊達　なるほどね。

高江洲　その帰路、車のなかで「俺にはもっとできるんじゃないか？」「いままで金儲《もう》けのことを考えすぎてたんじゃないか？」と自分に問いました。そうしているうちに、自分の親を許すことができるようになりました。

富澤　親を許す？

高江洲　実は私が中学のころ、妹を亡くしているんです。ショックを受けた母親は精神的に病《や》んでしまいました。当時の私はまだ幼稚で、両親に寄り添うことをしないどころか、親が嫌いになり、高校を卒業したら親から離れるように上京しました。でも、清掃の仕事でひとり部屋を掃除するお母さんを見たときに、うちの両親が弱っていたのも、愛する人を亡くした者の正しい姿なんだと気づきました。だから、遺族の不要な負担は俺が背負えばいい、遺族に憤《いきどお》りを感じる者がいるなら俺がかばえばいいって、すべてが見えました。これを生業《なりわい》とすることで、妹のためにも生き続ける決意ができた、というか。

エロ本を見つけると「ほっとする」

伊達　僕らは嗅《か》いだことありませんが、動物の死骸とかとは明らかに違うんですか？

高江洲　ＤＮＡレベルで本能的に危険を感じるにおいなんでしょうね。私自身はこの仕事に就《つ》いてからすぐわかるようになりましたが、生ゴミとも、動物の死骸とも違います。

富澤　嗅いだことがなくても「これはヤバい」と脳のどこかから信号が出るんだ。

高江洲　はい。だからそのにおいを消す特殊な洗浄剤が必要なんです。

富澤　孤独死って年間どれくらいあるんですか？

高江洲　東京都の統計では年間６０００人（２０１３年当時）といわれています。ただし、東京都の場合

「7日以上発見されなかったケース」を孤独死としていますので、実際の数はもっと多いです。死後48時間経つと、おなかが割れてガスが出ますので、アパートだと長期間気づかれないことは少ないですよね。

富澤　急に亡くなる孤独死の方って、準備ができてませんよね。部屋に入って、その人の人生を考えることも多いと思いますが……。

高江洲　部屋のなかを整理していると、「ほっとする瞬間」もあるんです。男性の部屋であればエロ本見つけたときとか。

富澤　なんで？　サボって見て、「HOTしちゃう」？

伊達　それじゃお前、「ほっとする」の意味が違うだろ！

高江洲　「明日も生きよう」というエネルギーがあった証《あかし》なんです。もし自殺だとすると……。

富澤　恥ずかしいから片づけちゃうんだ！

高江洲　そのとおりです。

伊達　わかる気がします。たまたま死んじゃったから。

富澤　孤独死で多いのは何歳くらいですか？

高江洲　45～55歳くらいですね、我々が多く接するのは。

伊達　えっ、若くないですか!?

高江洲　若いんです。60歳以上はまれ、70歳超えはほとんどありません。お年寄りは近隣や親族と交流がある場合が多いので、早いうちに気づかれますし、その関係者がお掃除をされますので、私どもにはオーダーがきません。

富澤　そうか……ちょっとショックだな……。

富澤　仕事柄《がら》ご遺体には慣れているわけですから、東日本大震災のときは……。

伊達　代表は頼りになるでしょうね。

高江洲　申し訳ありません……被災地には1歩も足を運びませんでした。

伊達　特別なこだわりがあった?

高江洲　さきほど、10年以上この仕事に携《たずさ》わっても慣れないと言いましたが、「自殺」と「不慮の死」では空気感が全然違うんです。後者の場合は、明日も生きたい、生きているはずの日常が急に断ち切られている。そんな現場での作業は、私自身のメンタリティを超えてしまいます。とてもとても……無理です。無念が漂《ただよ》っているんです。

伊達　なるほど。

高江洲　もうひとつの理由としては、この狭い業界のなかで正直、ヘンな評判が立つのを恐れました。「あそこは震災を看板にしようとしている」とか。ですから、募金、軍手、タオル、消毒剤の寄付はさせていただきましたが、私の労働をボランティアに使ったことはありませんでした。

伊達　消毒剤というのはご自身で作ったんですか？

髙江洲　実際に作っているのは業者さんですが、インターネットや本、海外の資料を読み、大学の先生を訪ね、独学で開発しました。それまで販売されていませんでしたから。無臭で、仮に口に入ったとしても無害、もちろん圧倒的な殺菌力を備えたものです。被災地ではにおいがひどいと聞きましたが、タンパク質が腐敗したものが元凶です。

富澤　開発には時間がかかったんですか？

髙江洲　病死や事故死など、現場ごとに状況はまったく違うので、どんな菌がいるかはわからないんです。花粉症のマスクで入ったあのときは結膜炎《けつまくえん》になりました。皮膚炎にかかったり、高熱が出たこともあります。数年間はあれやこれやと実地で試しながらでした。

伊達　まさに代表ご自身が経験しながら、被検体となって。

髙江洲　刺激を抑えつつ、効果が望めるもので地球環境に優しいものをと。人工透析の管のなかを洗う酵素と消臭機能をうまく配合して、あとは現場ごとに変えて。

富澤　病人に処方する薬が違うようにね。

悲しい最期をひとつでも減らすために

事件現場清掃会社では、月に2〜3件の餓死に遭遇するそうです。そこで髙江洲代表は、低価格のギョウザを中心としたお惣菜《そうざい》屋さん経営に乗り出しました。「食えない人はうちに来い」「そしてうちで働いてくれ」。この事業が順調に育てば雇用も創出できる、儲けを度外視したチェーン展開をいずれは東北で、と考えています。

髙江洲　最近、現場で一番気になることは、冷蔵庫が空っぽの部屋です。いまでも餓死があるんです。そこで、ギョウザ1皿は6個で140円、沖縄そばは120円の店をパイロット的に始めました。

伊達　安い！　でもなんでギョウザ？

髙江洲　私が中華の職人だったという理由に加え、栄養のバランスがいいですよね。それと家で簡単に作れるものだからです。店では焼いたギョウザもお出ししますが、できれば生で持ち帰って、家で焼いてほしいと思っています。料理って、自分がひと手間を加えることで愛着が生まれますよね。そして食べることで、生きることに前向きになるんです。

伊達　目的は孤独死や餓死を減らすことなんですね。

高江洲　人は必要とされれば、孤独には死にません。働くことが楽しければ自殺もしません。正直、事件現場清掃は一人前に育つまで時間もかかるし、向き不向きもあるので多くの雇用は望めませんが、お惣菜屋さんなら働きやすいのではないかと思います。私は必要とされる場所を提供したいんです。

伊達　東北の仮設住宅でも孤独死が問題になっています。だからおじいちゃん、おばあちゃんと、子どもたちとの交流を進めてるんです。

富澤　でも孤独死が少なくなると、代表の仕事が減ってしまいますが、いいんですか？

高江洲　こんな仕事がない社会のほうがいいんです、本当に。

伊達　そうですよね。じゃあ次回来ていただくときは、お惣菜チェーン店（※1）の社長として、お待ちしてます！

※1　現在は、惣菜屋部門を廃止し、代わりに困っている人のための賃貸保証や、事故物件などを扱う不動産買取、墓の管理を必要としない海洋散骨といった事業を展開している。

放送後記

富澤　これは相当衝撃だったなぁ……。悲しい孤独死、なくなるといいですね。

伊達　出演してくれたの２０１３年なんだ。けっこう前なのにハッキリ覚えてますよ。収録の前の週くらいに、テレビで高江洲さんのドキュメントを偶然観てたんですよね。収録のときにいただいた本も読みましたし、やっぱりこういう現場を知ってる人は言葉の説得力が違うなと思いましたね。

松尾清晴　バイカー

日本語だけで121か国人を信じる海外バイク旅

2015年2月放送

まつお・きよはる／会社勤めから57歳で一念発起し、バイクでの世界放浪へ、英語はもちろん、外国語の知識もバイクの知識もないまま、12年間で37万キロ、121か国を旅する。通称「バイクの松尾」。

旅のスタート地で昏睡強盗に……

富澤　誰なんだって感じですね。バイクの松尾って言われてもバイク屋さんにしか見えません。

伊達　リスナーにもまったく知られていない方ですが、僕の親父と同い年の71歳（2015年当時）だそうです。

富澤　ずっと海外を放浪しているわりに、外国語もしゃべれないそうですね。

松尾　「I am a boy.」「This is a pen.」しか知らない。でも言葉なんか知らなくても大丈夫ですよ。

富澤　だって国境とか越えるの、手続きあるでしょ。

松尾　大変なのはそこで……ビザを取るために大使館を見つけるのがね。

伊達　現地の言葉で申請書とか書かなきゃいけないでしょ？

松尾　そう、ぜんっぜんわからない！　日本語と佐賀弁しか知らないから（笑）。だけどね、国境を通れなかったことは1回もない！　名前とパスポート番号はきちんと書いて、あとの設問欄には最初のころはローマ字で「onegaishimasu」「shirimasen」「wakarimasen」ってちゃんと書いて……。

伊達　ちゃんと書いてないですよ！

松尾　でも途中からめんどくさくなっちゃって「おねがいします」「しりません」「わかりません」って日本語にした。このほうが早いから。

富澤　リアルに「何言ってるかわからない」状態だ。

松尾　でもホントにビザ押してくれる、ウソじゃないよ。これで国境は200か所以上越えたからね。止められたこと、1回もないよ。だって、係員の立場になって考えてみなよ。日本人のおじいさんで、パスポート番号と本名は書いてあって、でも現地の言葉はわからない。これは自然なことでしょ。

伊達　まぁ……確かに……。

富澤　それで入れちゃうんだなぁ。世界はもっとちゃんとしてると思ってた。

松尾　人間と人間だからさ。
富澤　恐い目にあったことはないんですか？
松尾　1回くらい強盗に遭《あ》ってみたいって憧れてたよ。
伊達　普通の人はそうは思いませんよね。
松尾　それが、あったのよ！
伊達　なんでうれしそうなの!?
松尾　最初のスタート地、オランダで。57歳のときかな？　私は飛行機でアムステルダムの空港に降り、船便で送ったバイクを港に取りに行く途中で昏睡《こんすい》強盗に。
伊達　昏睡強盗!?
松尾　そう！　笑っちゃうよね！
伊達　笑い事じゃないですよ！　なんですか昏睡強盗って。
松尾　バイクを取りに行く途中、道を聞いた中年のおやじからビスケットをもらったの、1個だけ。もっとくれりゃいいじゃねえかと思って食べたんだけど、その数分後、意識がなくなって気がついたら病院のベッド。どうやらマリファナ入りだったみたいで、結局1万5000円も取られた！
伊達　1万5000円しか持ってなかったんですか？

松尾　足のつくパスポートもカードも盗まないんだから、プロだったんだね。でもほれ、一度はそんな経験してみたかったたし、1万5000円ですんだし。

伊達　うちの親父と同世代なのに、こんな人いるんだ……。よかった、親父がちゃんとした人で。

富澤　危険な経験はそれだけじゃないでしょ？

松尾　一番痛かったのは、そうね、アラスカ。走行中にキャンピングカーに巻き込まれ、救急ヘリで搬送されたことがあったかな。頭は十数針、座骨骨折、あばら骨は12本中の10本折れて、肺に刺さっちゃってね。バイクも日本に送り返した！

富澤　うわぁ……。

松尾　事故より、その後がつらかったね。1か月くらい入院できるかと思ったのに、8日目の朝に退院させられたんだよ。こっちは痛くて、まだ寝返りも打てないから抗議したら、「痛いのはどこにいても同じ」だって！

富澤　それも日本語で？

松尾　身ぶり手ぶりでわかるよ。でも、問題なのは痛くて痛くて身ぶり手ぶりができないわけよ。

外国では信用しないと先に進めない

伊達　そこまでしても続ける、バイクの魅力ってなんですか？
松尾　行きたいとこ行けるから、かな。
富澤　行けてないじゃないですか！　病院にお世話になってばかりでしょ。次行くところは天国ですよ。
松尾　天国行っちゃう!?
伊達　いや、笑い事じゃないですよ。

そんな松尾さんも東日本大震災時には帰国し、南三陸でのボランティア活動にテントを持って参加。その後、バイク仲間とお金を出し合い、電動バイクを南相馬の役所に寄付。代表して松尾さんが、その2台を送り届けた。

松尾　かみさんの実家が南相馬で、両親は仮設住宅に住んでいたんですよ。
伊達　じゃあ南相馬でボランティアやればよかったじゃないですか。
松尾　当時は放射能で入れなかったからね。それで南三陸に。ボランティアで行ったときの海は穏《おだ》やかでさ……。「このやろー」って海に石は投げたけどね。

伊達　松尾さんは楽しい話ばかりだから、ぜひまた東北を訪れて、元気を分けてあげてほしいですね。

松尾　もちろん！　でね、その後また世界を旅するわけだけど、それまで外国で聞く日本の地名は「トーキョー」「キョート」「ナガサキ」「ヒロシマ」だったのに、あれ以降「フクシマ」が加わってしまったよね。

伊達　海外の人から「フクシマ大丈夫？」って聞かれて、松尾さんはどう答えるんですか？

松尾　簡単な日本地図を書いて、「ここ、トーキョー。ヒロシマ、1サウザンドキロ、オーケー。そんで、トーキョー、フクシマ、3ハンドレッドキロ、オーケー」って言う。でもそれでじゃ伝えきれないんだよな、それがくやしい！

伊達　もうちょっと勉強されると、松尾さんすごく尊敬されると思いますよ。

松尾　でもそうなるとノーベル平和賞とっちゃうからさ！

伊達　海外ではもうちょっと他人を疑ったほうがいいですね。

松尾　いやいや、外国では信用しないと先に進めないですよ。だから僕は、これからも人を信用し続けますよ。

伊達　なるほどなぁ。

松尾　疑ってちゃ楽しくないんだよ。こっちが疑うってことは相手もこっちを疑うことになる。それは日本人でも外国人でもいっしょでしょ。もちろん直感には従うよ、それで何かあったら自分の責任だけですむし。

伊達　松尾さんは僕らが漫才師であることをご存じなかったですもんね。

松尾　そう、でも初めて会った人なのにこうやって友だちになれるってうれしいでしょ。

富澤　そうかもしれないですね。

松尾　ひとり旅してると、荷物を置いてトイレに行くこともあるでしょ。そんなときはそのへんにいる人に、堂々と頼むわけ。たとえば「泥棒」って名札つけた泥棒はいないんだから、ちゃんと目を見て「これ見といて」って頼めば、たとえ泥棒であっても喜ぶんだよ。それで盗まれたことは一度もないからね。

富澤　具体的にはどう頼むんですか？

松尾　「オレ、トイレ、荷物、プリーズ」

富澤　それでホントに通じる!?

松尾　疑ぐり深いなあ。「ちゃんと見ててね」ってつけ加えたほうが親切だけどね。

富澤　それも日本語でしょ？

松尾　だって英語だとなんて言えばいいかわかんないもん。

レバノンで、久しぶりに拘束される

伊達 外国で日本人に会うこともあります？

松尾 あるよ、いろんな人に。新婚旅行に3年出てる人とか。

富澤 新婚旅行に3年？

松尾 人それぞれですよ、それがわかるのも旅の楽しみ。

伊達 今回戻る前はどこからどこへ？

松尾 バイクを置いといたミラノからチュニジアに行って、そこに3か月いました。

伊達 何してたんですか？

松尾 バイクって寒いと移動がキツイのよ。アフリカだから暖かいと思って行ったのにさ。

伊達 本当に何も調べないで行くんですね！

松尾 それにね、ケガ人ばかりいて、それで長居をしてしまったわけだ。松葉杖や車いすだらけの国でした。どうやら、隣国のリビアの内戦でケガした人が療養に来てたんだな、俺が泊まったホテルには。

富澤 そういう人と仲よくなっちゃう？

松尾 うん。イスラムの人は名前が呼びづらくて仕方ないから、(容貌を見て)「ノッポ」とか「クラマエ」

とかあだ名つけてね。朝からホテルのネットカフェでバカっ話してた。

伊達　どんな話するの？

松尾　けっこう、あけっぴろげに戦争の話してくれるんだよ、義手とか外してくれてね。だから「痛かったでしょ!?」って言うの。

伊達　通じる？

松尾　通じる。

松尾　で、そのあとアラブ首長国連邦、バルト3国、レバノン……あ、そういえば久々に警察に捕まったよ、レバノンで。

伊達　何したんですか？

松尾　写真撮ってたからスパイかなんかに間違えられたんじゃないかな？

富澤　のんきですね〜。食べ物も、いろんな珍しいものに出合っていますよね。日本では食べられないものは？

松尾　野ネズミ、コウモリ、ピラニア……でも、お店の人が何言ってんのかわからないから、わからないものもたくさん食ったよ。まぁ、おいしけりゃいいんだよ。

伊達　衛生的には大丈夫なんですか？

松尾　そんなの知らねえよ。それに俺、ケチだから水を買わないんだよ。だから山があると安心するね。山の上から流れてくる川の水なら安全そうに見える。

伊達　さすが！　そういうのはキレイだから下痢しないんですね。

松尾　するよ！

伊達　するのかよ！

松尾　どこの国に入っても最初は下痢する。でも、そのほうが体にいいんだよ。なんか体がキレイになる気がしない？

伊達　いや、体がいくつあっても足りない気がしますよ。とりあえず、今回の旅を終えてピリオドとされるんですよね？

松尾　そうだね。気力も体力も充実しないと、もうなかなかできない年齢かもしれない。ただ体の内側から「行くぞーっ」って湧《わ》き上がったら、また行くけどね。

富澤　じゃあ、天国に行くのはまだ先ですかね？

松尾　……天国も一度は見てみたいけどねっ！

放送後記

伊達　メモがあります、「クウェート、カタール、バーレーン、アイスランドの4か国歴訪で140か国を制覇した2019年、冒険生活にピリオド。現在は熱海で隠遁《とん》生活」。うわー、生きて帰ってきたんだ〜。

富澤　でも、温泉浸りの日々に耐えられるのかな？　いまではけっこうおじいちゃんですが、街で同じくらいの歳の人を見ると、たまに松尾さんのこと思い出しますね。

Chapter6
これまで・これから

サンドウィッチマンのあとがきトーク

これからも、自分たちの想像の範囲を超えるような人たちと出会いたい

多彩なゲストとの出会い
記憶に残るエピソードの数々

伊達　番組が始まったのが、2011年の7月か。やっぱり、あのタイミングで地元のことを話せる、復興状況や現地の情報を全国に向けて伝えられる番組が始まるっていうのは、すごくありがたかったですよ。

富澤　少しでも知ってもらいたいって気持ちだったからね。

伊達　ラジオで話すために被災地に行くこともあったし、たくさんの方にお世話になったし。復興状況を気にしてくださる方、いまだにたくさんいるんです。だから、継続的に「その後どうなったか」を伝えることが絶対に必要なんだよね。本当に、すごく貴重なメディアです。

富澤　番組も、もう10年目なのかぁ。

伊達　「ずっと番組を続けてくれてありがとう」って言ってもらえるんだけどね、でもまだまだですよ。復興は終わりませんから。

富澤　うん、まだこれから。あとこの番組、いつのまにか震災と関係ないことばっかりやるようになったでしょ。だから「いつも聴いてます！」って言ってる人は、本当は聴いてないと思ってる。

伊達　そんなことないだろ！

富澤　だって、野糞の人が出る番組だよ？　それで「東北を応援してくれてありがとう！」って言う？

伊達　伊沢（正名→P116）さんね。あれはインパクト強かった。

富澤　俺、ウンコするたびに思い出すもん。

伊達　伊沢さんだって、震災時のトイレ問題を解決しようと奔走《ほんそう》された方なんだから！

富澤　でも持ちかけた役所では一蹴されちゃったって言ってたよな。こんときは東北以外の話で盛り上がっちゃったわけだけど、それはそれでいいんだよね、楽しければさ。それにさ、だんだん「海外で聴いてます」っていう人からのメールも増えて。これはほかの番組では全然ないことだし、驚きですよ。

伊達　そう、ポッドキャストを駆使して世界中で聴いてくれてる。あと「ちょっと遅いかもしれないけど、次の連休に東北に行ってみます」っていうメールもいまだにくる。俺らが紹介した場所に実際に行って、そのレポートを送ってくれたり。たくさんの人に東北に行ってもらうのが役割のひとつだと思ってるから、すごくうれしい話だよな。

富澤　テレビだと「観ました」って言われることは多いけど、「実際に行きました」っていう人はほとんどいない。でも、ラジオはそういう人が本当に多くて。ひとりでも行動に移してくれる人がいるなら、話したかいがあるというものですよ。

伊達　あと、小沢（一郎）さんが来た回の反響がすごかった。「え、あの小沢さんですか？」「ラジオ出るんですか？」ってけっこう言われたんだよね。ウチのオヤジが小沢さん大好きでさ。やっぱり世界に負けない存在感っていうか、かっこいいんだよなぁ。

富澤　小沢さん、すごいオーラだったな。

伊達　ほかのゲストっていうと、やっぱり思い出すのは……伊沢さんなんだよな（笑）。キングだよあの人は、ハッキリ覚えてるもん。しかも、野糞の通算回数、もうすぐ1万5000回を迎えるらしいよ。

富澤　数えてるのが、まずヤバいよ。どうかしてるな。あと「ダイアログ・イン・ザ・ダーク」に行ったのもこの番組だよね？

伊達　行った！　あれはいい経験だったな。全国民が経験してほしいよ。本当の暗闇って体験しないとわかんないし、停電とかあったら絶対役に立つ。お金を払って行く意味がありますよ。

富澤　あと、なぜか大阿闍梨《だいあじゃり》（塩沼亮潤→P147）も来てくれた。

伊達　あの大阿闍梨がなぁ、信じられないよ。すごいオーラだった。
富澤　オーラあった？　意外とヘラヘラした人だなって思った気がする。
伊達　ヘラヘラは……してたな、確かに（笑）。でも、あの大阿闍梨ってわかったら、すごいオーラがある人に見えてきたよ。
富澤　まさか、そんなすごい人が来ると思ってないからこっちは。ディレクターから「どんな人かガチで当ててください」って言われて、「この人誰なんだろう？」って考えながら収録し始めて、途中で「マジかよ！」って。
伊達　（竹内）順平さん（→Ｐ１０８）とか、性転換した元男性とかな！
富澤　話せば誰かわかるはずって聞かされてて、でも登場してきた人を見ても全然わかんなかった。
伊達　それが尊敬する（立川）志の輔師匠の息子さんだもんな。お前「貧乏そう」とか言ってなかった？
富澤　なんか汚い服着てたから。
伊達　やめろよ！
富澤　でも師匠の息子って聞いたらかしこまっちゃうよ。順平さんの梅干し、いまでは俺らのライブでも販売させてもらってるしね。
伊達　ホントにいい出会いですよ。あと、松尾（雄治→Ｐ０３６）さんも記憶に新しいな。超スーパースターなんだけど、そう感じさせないのがかっこいい。

富澤　近所のおじさんみたいで。

伊達　あと、いつも酒クサい。

富澤　松尾って、おじいちゃんもいたよね？

伊達　いたいた、バイクの松尾（清晴→Ｐ１９５）さんね。すっげぇ人だよな。海外で「荷物、見といて！」って日本語で声かけてトイレ行く人でしょ。めちゃくちゃですよ。

富澤　絶対マネできないもん。バイクを見るたびに思い出すよ、おじいちゃん生きてるかなって。そういえば、ウチのヨメが似た感じだな。現地の言葉に全然寄せないの、ずっと日本語。

伊達　お前のヨメさんおもしろいよな！

富澤　こないだグアムに行ったときも、全部日本語。外国人の店員さんに「ポン酢ください！　ポ・ン・酢！」って。

伊達　絶対伝わらないだろ！

富澤　「これ追加で！　つ・い・か！」って。あと「マウンテンデューをふたつ」って言いたかったらしいんだけど、「マンテンデュー、デュー！」って（笑）。

伊達　なんだそれ、おかしいだろ！

富澤　でもちゃんと伝わるんだよ。たぶん、向こうが「こいつ英語話せないのか、なんとかしなきゃ！」ってなるんだよ。

伊達　なるほど、確かにな。日本で海外の人に英語で話しかけられると、必死で聞こうと思うもん。助けてあげなきゃって。

「東北のこと」を忘れずに いつまでも続けることが大切

伊達　海外なんてあんまり興味がなかったんだけど、ゲストの話をいろいろ聞いて、ちょっと興味が湧《わ》いてきたよね。イヤでも……。

富澤　でも、やっぱり怖いですよ、海外は。ここに来てくれる人たちの話を聞くと余計に。

伊達　それもあるな、みんな死にかけてるから。

富澤　よく生きてるなって、何度思ったか。

伊達　いろんな分野の専門家も来てくれたね。すごく難しいことを専門にしている方も、みなさん嚙みくだいてお話してくれて……でも、富澤はすぐ心が離れちゃうんだよな。そうなったときの俺の大変さよ。

目の前にいらっしゃるんだから。

富澤　「もういいや」ってなる。

伊達　それじゃダメなんだよ！

富澤　だって、事前に知ってれば準備できるけど、その場で知るから。

伊達　番組前に喫茶室で打ち合わせしてるとき、ずっと知らない人がいっしょにいてさ。「誰だこの人？」と思って本番が始まったら、ゲストだったり（笑）。

富澤　この番組のやり方がズルいんだよ。

伊達　そういえば、北朝鮮から来てくれた人いたよね？

富澤　あっ、いたなぁ！　北朝鮮の料理人（藤本健二）。

伊達　素性が明かせないからって、絶対にサングラスとバンダナを外さなかった人ね。しかも、もう連絡とれないんでしょ？　すっげえよな。

富澤　けっこう遠くから来てる人も多いしね。

伊達　原発の漫画（『いちえふ 福島第一原子力発電所労働記』）の漫画家さん（竜田一人）も来てくれたよね？　あの漫画はずっと買ってて、いつかお会いしたいって思ってたからうれしかったなぁ。根掘り葉掘りお話してくださったし。あと、「奇跡の一本松」の加藤（徳次郎→P128）さんね。この前現地に行ったんだけど、やっぱり見方が変わるよ。そうやっていろんな刺激を受けてるし、自分の引き出しが増えてる感覚もある。みなさん見た目じゃわからないけど、それぞれの分野のスペシャリストだし、話してみるとやっぱりおもしろくて。

富澤　俺、ウンコするたびに野糞の人思い出すよ。

伊達　お前、ホント伊沢さん好きだな！

富澤　外でトイレに行きたいと思ったとき、ちょっと頭をよぎる。

伊達　被災地で野糞の仕方を教えるって申し出て、断られたんだよな。

富澤　「何言ってんだ、汚ねーな！」で終わりでしょ。

伊達　「忙しいんだコッチは！」って。

富澤　今後はどんな人が来てくれるのかね？

伊達　大谷（翔平）くん来てほしいな。あとは大船渡高校からロッテに行った佐々木（朗希）くんね。俺らの動画を観てくれてるって記事で読んだことあるよ。あの子は震災で、お父さんを亡くしててね。

富澤　佐々木くんも会いたいけど、やっぱり俺らの考える範囲外から来るのがいいんだよ。見えてる範囲じゃないところから来るからおもしろくなる。

伊達　想像したことないジャンルの人が来るもんな。

富澤　野糞の人と会いたいって思ったことないけど、会ったらすごいおもしろかったし。
伊達　やっぱり、これからも不思議な人に会いたいよね。富澤は宇宙とか好きでしょ？　そっち方面もいいんじゃない？
富澤　好きだけど……この番組だと本当にヘンな人を呼ぶでしょ？　自分を宇宙人だと思ってる人とかホントにめんどくさいから。
伊達　じゃあ、本当にヘンな人じゃなくて、ほどよくおかしな人を待ってます。
富澤　そうだね、そこはあんまり範囲外じゃないほうがいいから。
伊達　これからの10年については……やっぱり復興という意味では、20年はかかるのかなって思うんですよ。いまだに防潮堤の工事してるし、反対運動もあるし、いろんな問題もある。10年っていう節目で、またたくさん報道も出るだろうけど、そこからあと10年。もちろん俺らは地元のことだから、ずっと携《たずさ》わっていくんだけど。
富澤　これで終わり、っていうのはないからね。
伊達　行くたびに思うよな。だからいまと変わらず、東北の話をしながらたまに関係ないゲストにも来てもらったりなんかして、とにかく番組が続いてほしい。こういう番組がなくなるのが怖いよ。
富澤　東北じゃなくても、このところ全国でいろんな災害被害があるでしょ。それって今後も増えるだろうし、俺らの立場としてどうすればいいのかって、いつも考えてて。

伊達 東北に限らないもんな。

富澤 でも、この番組ではあくまで「東北のこと」を貫いて、そこはブレないままで続けていきたいかな。

伊達 うん、やっぱり現状をちゃんと伝えたいよね。インターネットのウワサみたいなこともたくさんあるけど、俺らはちゃんと現地に行って、現地の人に聞いた話をここで伝えたい。それで今後もずっと「東北魂」という名前で、この番組が続くことが一番大切だな。

おわりに

2011年7月から始まった『サンドウィッチマンの東北魂』は、あるときはゲスト週、またあるときはフリートーク週やお便り週などで展開している〝笑って東日本大震災の風化を防止する〟ラジオ番組です。今回は、東日本大震災によって大きな転機を迎えたゲストの方を中心とした対談集としました。

サンドウィッチマンのふたりは、しばしば「コンビ仲のよい芸人」としてメディアで紹介されます。でも実際のふたりはのべつまくなしに話をしているわけでなく、公園で見かける長年連れ添っている夫婦のように普段は静かです。そう、意思の通じて合っているこの熟年夫婦は、客人を迎えると急に賑やかに「阿吽《あうん》の呼吸」で言葉を紡ぎ出していくのです。1＋1が4にも5にもなるのだから、いっそ、ゲストの事前情報を入れないで「何者か」を当てるくらいのほうが、もっとおもしろくなるのでは!?　と思い、最近ではそうしています。

しかし、加藤徳次郎さんを迎えたときは、「製材業」というたったひとつのヒントで〝奇跡の一本松の人〟と瞬殺されてしまった、おそるべき東北魂！

ところで当番組では、ＴＶにはないふたりの素顔を垣間見ることができます。「わからない分野」に対して素直に「それ、もう少し詳しく（俺らのようなバカにも）教えてくれませんか？」と殊勝に問い続ける伊達さん。そして、ゲストの素《す》っ頓狂《とんきょう》な生きざまを信じられず、あの得意文句「ちょっと何言ってるかわからない」をホンキで連発する富澤さん。こんな垣根を作らないふたりだからこそ、芸能界に携《たずさ》わる方のみならず、全国から一般人の方も（それも自腹で）番組に来てくださる。沖永良部島、大槌町、果ては北朝鮮からも（今回、北朝鮮で金正日の専属料理人を務めた藤本健二氏との対談は未掲載ですが、その模様は『サンドウィッチマンの東北魂』ポッドキャスト・２０１６年６月で視聴可能）。

そんなラジオ番組が書物となっての不安はたったひとつ。ふたりの絶妙の〝間〟が生み出す爆笑の数々が、文字で果たしてどこまで届くかどうか？　です。ならば「本家本元」をお楽しみください！　ということで、ぜひ、引き出しの隅のラジオを引っ張り出して、ＡＭ１２４２（ＦＭ９３）にチューニングしていただければ幸いです。

ニッポン放送　初代ディレクター　賀茂正美

サンドウィッチマンの東北魂

［パーソナリティ］
伊達みきお
富澤たけし

［ディレクター］
南條 仁（MIXZONE・二代目ディレクター）

サンドウィッチマンの東北魂 あの日、そしてこれから

［企画・構成・執筆］
賀茂正美（ニッポン放送・初代ディレクター）

［協力］
小寺 恵（ニッポン放送）
ニッポン放送出版委員会

［執筆編集］
後藤亮平（BLOCKBUSTER）
田島太陽（BLOCKBUSTER）

［デザイン］
山﨑健太郎（NO DESIGN）

［写真］
難波雄史

［校正］
皆川 秀

［マネージメント］
林 信亨（グレープカンパニー）
田中大樹（グレープカンパニー）

［編集担当］
井関宏幸（扶桑社）
小澤素子（扶桑社）

［撮影協力］
『サンドのぼんやり～ぬＴＶ』（東北放送）
坂元タクシー（宮城県）

サンドウィッチマン

伊達みきおと富澤たけしのお笑いコンビ。ともに1974年宮城県生まれ。仙台商業高等学校ラグビー部でいっしょだった縁でコンビを結成。2007年、M-1グランプリにて敗者復活戦から優勝。2011年3月11日の東日本大震災発生時には、ロケ中の気仙沼市で被災。以来、故郷である東北復興のために活動を続ける。

サンドウィッチマンの東北魂 あの日、そしてこれから

発行日　2020年3月10日　初版第1刷発行

著者　サンドウィッチマン

発行者　檜原麻希

発行　株式会社 ニッポン放送
〒100-8439
東京都千代田区有楽町1-9-3

発売　株式会社 扶桑社
〒105-8070
東京都港区芝浦1-1-1
浜松町ビルディング
電話　03-6368-8885（編集）
　　　03-6368-8891（郵便室）
www.fusosha.co.jp

印刷・製本　大日本印刷 株式会社

この本の売り上げの一部は「東北魂義援金」に寄付いたします。

定価はカバーに表示してあります。

造本には十分注意しておりますが、落丁・乱丁（本のページの抜け落ちや順序の間違い）の場合は、小社郵便室宛にお送りください。送料は小社負担でお取り替えいたします（古書店で購入したものについては、お取り替えできません）。
なお、本書のコピー、スキャン、デジタル化等の無断複製は著作権法上の例外を除き禁じられています。本書を代行業者等の第三者に依頼してスキャンやデジタル化することは、たとえ個人や家庭内での利用でも著作権法違反です。
©Grapecompany / Nippon Broadcasting System inc. 2020 Printed in Japan

ISBN 978-4-594-08415-8